教育部职业教育与成人教育司推荐教材
职业教育改革与创新系列教材

机械制图习题集

第2版

主编　孙焕利　段接会
参编　贺文雪　刘兴波

机械工业出版社

本习题集为教育部职业教育与成人教育司推荐教材，是在第1版的基础上修订而成的，与孙焕利、段接会主编的《机械制图》（第2版）配套使用。本习题集的编写依据及参照标准与主教材一致，编排顺序与主教材对应，所选题目参照相关的国家职业技能鉴定标准和行业职业技能鉴定规范编写，既有代表性又有典型性，内容广泛，难易适当，用以巩固所学知识，辅助教与学。本习题集主要内容包括制图的基本知识与技能、正投影法及三视图、组合体的视图及识读、轴测图、机械图样的画法、标准件和常用件的画法及识读、零件图、装配图、机器零部件的测绘。

本习题集可作为中等职业学校机电类专业学生的学习用书，也可作为岗位培训及职业技能鉴定考试的辅导用书。

图书在版编目（CIP）数据

机械制图习题集/孙焕利，段接会主编. —2版. —北京：机械工业出版社，2015.9（2025.9重印）

教育部职业教育与成人教育司推荐教材. 职业教育改革与创新系列教材

ISBN 978-7-111-51500-5

Ⅰ.①机… Ⅱ.①孙… ②段… Ⅲ.①机械制图-高等职业教育-习题集 Ⅳ.①TH126-44

中国版本图书馆CIP数据核字（2015）第206455号

机械工业出版社（北京市百万庄大街22号 邮政编码100037）
策划编辑：齐志刚 责任编辑：齐志刚 杨 璇 王丹凤
版式设计：霍永明 责任校对：刘雅娜
封面设计：张 静 责任印制：张 博
固安县铭成印刷有限公司印刷
2025年9月第2版第4次印刷
260mm×184mm·9.25印张·225千字
标准书号：ISBN 978-7-111-51500-5
定价：29.90元

电话服务 网络服务
客服电话：010-88361066 机 工 官 网：www.cmpbook.com
010-88379833 机 工 官 博：weibo.com/cmp1952
010-68326294 金 书 网：www.golden-book.com
封底无防伪标均为盗版 机工教育服务网：www.cmpedu.com

第2版前言

本习题集是以教育部数控技术应用专业领域技能型紧缺人才培养指导方案为指导，以适应就业市场对中等职业学校数控技术应用专业机械制图能力的需要为目标，为满足中等职业学校数控技术应用专业教学需要，在第1版的基础上修订而成的，与孙焕利、段接会主编的《机械制图》（第2版）配套使用。

本习题集以充分体现中等职业教育特色和课程改革创新思想，适应中职学生就业需求为出发点，在内容的选取上，力求做到“实用、够用”；在内容的广度和深度处理上，兼顾学生后续学习和提高的需要，所选题目参照相关的国家职业技能鉴定标准和行业职业技能鉴定规范编写，既有代表性又有典型性，内容广泛，难易适当，突出职业教育实用性的特点。

本习题集的主要特点如下：

1. 贯彻了最新和现行的《技术制图》和《机械制图》国家标准。

2. 以培养学生的读图能力为主，读画结合。

3. 始终贯彻“激活学生智能，重视看图能力，兼顾画图能力”的编写宗旨，遵循中职学生的学习规律，着力运用直观图、轴测图等手段来揭示由形体到视图和由视图到形体之间转化关系的规律。

4. 内容编排与主教材一致，题目选择具有代表性，由浅入深，利于学生理解和掌握。

本习题集由孙焕利、段接会任主编，贺文雪、刘兴波参加编写。

由于编者水平有限，书中难免存在缺点和错误，恳请读者批评指正。

编　者

第1版前言

本习题集与孙焕利、段接会主编的教育部职业教育与成人教育司推荐教材《机械制图》相配套。

本习题集是以教育部数控技术应用专业领域技能型紧缺人才培养指导方案为指导，以适应就业市场对中等职业学校数控技术应用专业机械制图能力的需要为目标，为满足中等职业学校数控技术应用专业教学需要而编写的。

本习题集贯彻了最新的《技术制图》和《机械制图》国家标准。

本习题集按100学时编写。

在编写的过程中，我们始终贯彻“激活学生智能，重视看图能力，兼顾画图能力”的宗旨，着力运用直观图、轴测图等手段来揭示由形体到视图和由视图到形体之间转化关系的内在规律，以便学生把握开启画图、读图之锁的两把钥匙。

本习题集第一、四章由山东省轻工工程学校王桂莲编写；第二章由湖北十堰职业技术（集团）学校胡学新编写；第三章由湖北十堰职业技术（集团）学校杜吉陆编写；第五章由山东省轻工工程学校孙焕利编写；第六、七章由河南省机电学校王香耿编写；第八章由徐州机电工程高等职业学校陈丽编写；第九章由山东省轻工工程学校刘兴波编写。本习题集由胡学新、孙焕利任主编，沈阳装备制造工程学校崔国利任主审。

由于我们的水平有限，缺点和错误在所难免，恳请批评指正。

编　者

2005年10月

目　　录

第一章　制图的基本知识与技能

1-1　字体练习。

横平竖直注意起落结构匀称填满方格零件装配

车钻冲铣刨磨镗铸锻铰刮抛光轴轮盘盖叉架箱壳粗糙度公差配合

0 1 2 3 4 5 6 7 8 9 Φ R

ABCDEFGHIJKLMNOPQRSTUVWXYZ

班级＿＿＿＿＿＿　姓名＿＿＿＿＿＿　学号＿＿＿＿＿＿

1-1 字体练习（续）。

机械图样中的字体必须写得字体端正笔画清楚

名称件号材料数量备注比例技术要求姓名审核批准学校班级单位

0 1 2 3 4 5 6 7 8 9 Φ R　*0 1 2 3 4 5 6 7 8 9*　*0 1 2 3 4 5 6 7 8 9 Φ R*

班级＿＿＿＿＿＿　姓名＿＿＿＿＿＿　学号＿＿＿＿＿＿

1-2　线型练习。

1. 在示样的下面抄画下列各种图线。

2. 抄画下面平面图形。

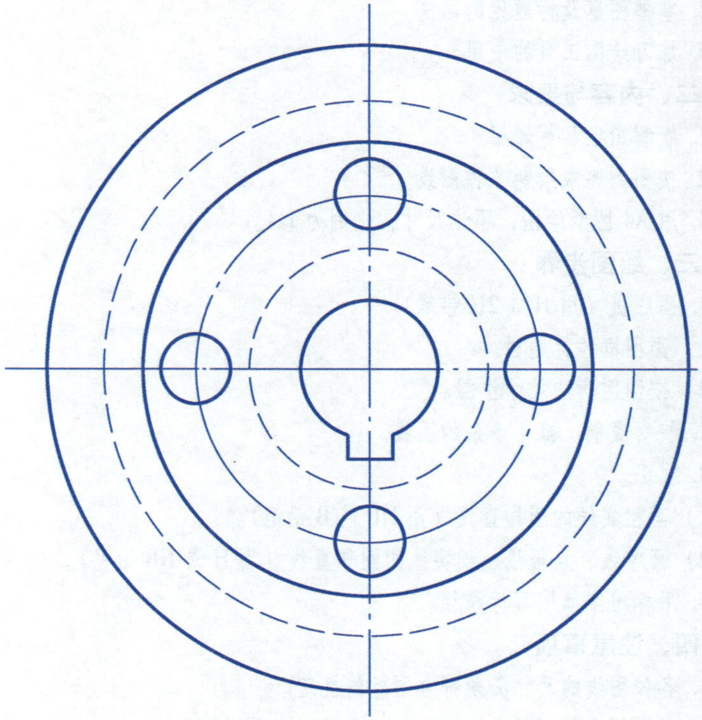

班级＿＿＿＿＿＿　姓名＿＿＿＿＿＿　学号＿＿＿＿＿＿

作 业 指 导

一、目的

1. 熟悉主要图线的型式及其画法。
2. 掌握图框及标题栏的画法。
3. 练习绘图工具的使用。

二、内容与要求

1. 绘制图框和标题栏。
2. 按图例要求绘制各种图线。
3. 用A4图纸绘图，不注尺寸，比例为1:1。

三、绘图步骤

1. 画底稿（用H或2H铅笔）。
1）画图框和标题栏。
2）按图例所注尺寸作图。
2. 校对底稿，擦去多余的图线。
3. 描深。
1）画粗实线的圆和直线（用HB或B铅笔）。
2）画虚线、点画线、细实线的圆和直线（用H或HB铅笔）。
4. 用标准字体填写标题栏。

四、注意事项

1. 各种图线的尺寸必须符合国标的规定。
2. 同类图线的宽度应一致。粗实线宽度宜采用0.7mm。

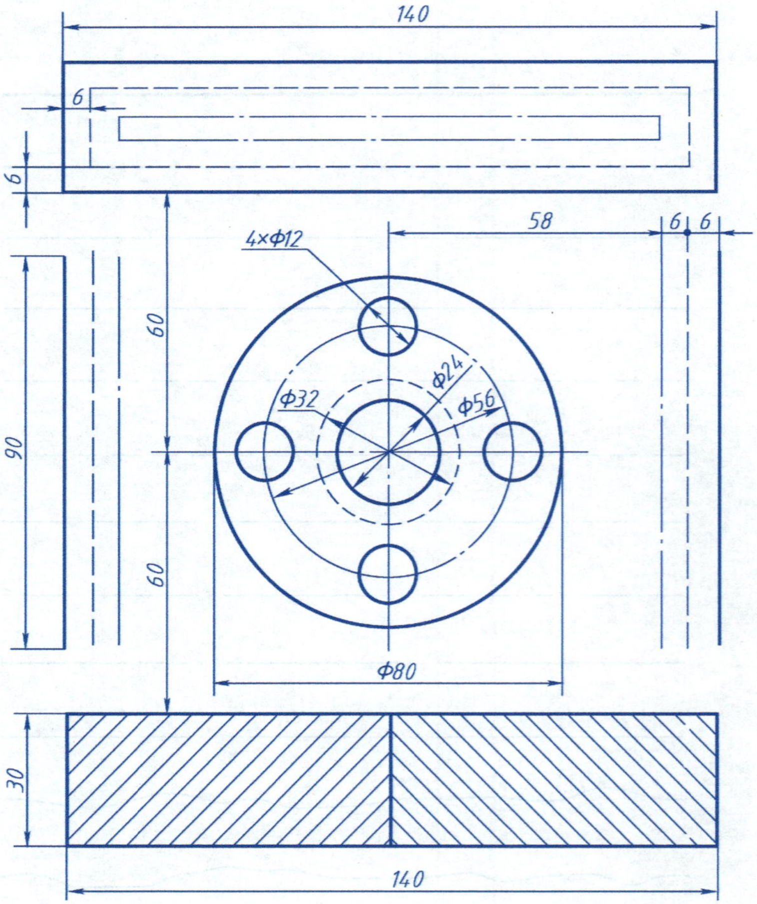

班级________ 姓名________ 学号________

1-3 标注下面各平面图形的尺寸（尺寸数字直接从图中量取整数，比例为1:2）。

1.

2.

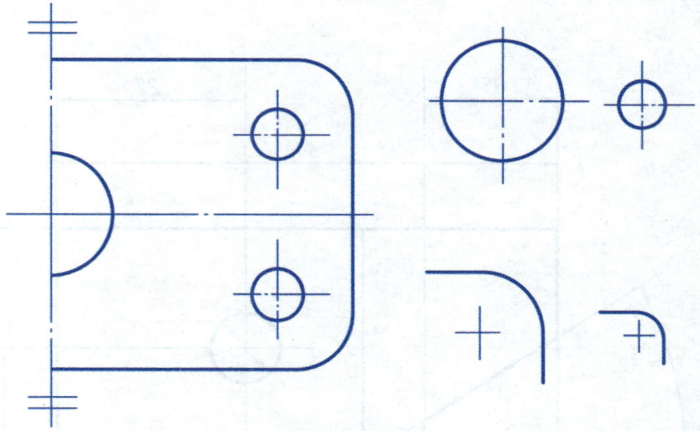

3.

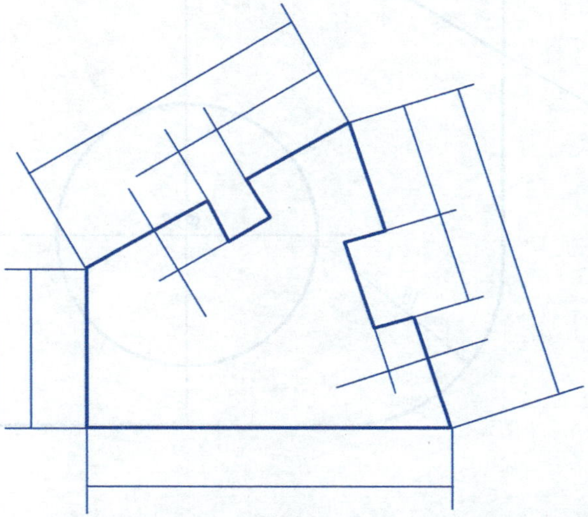

班级________ 姓名________ 学号________

1-4 检查下面尺寸标注中的错误，将正确注法注写在右图中。

1.

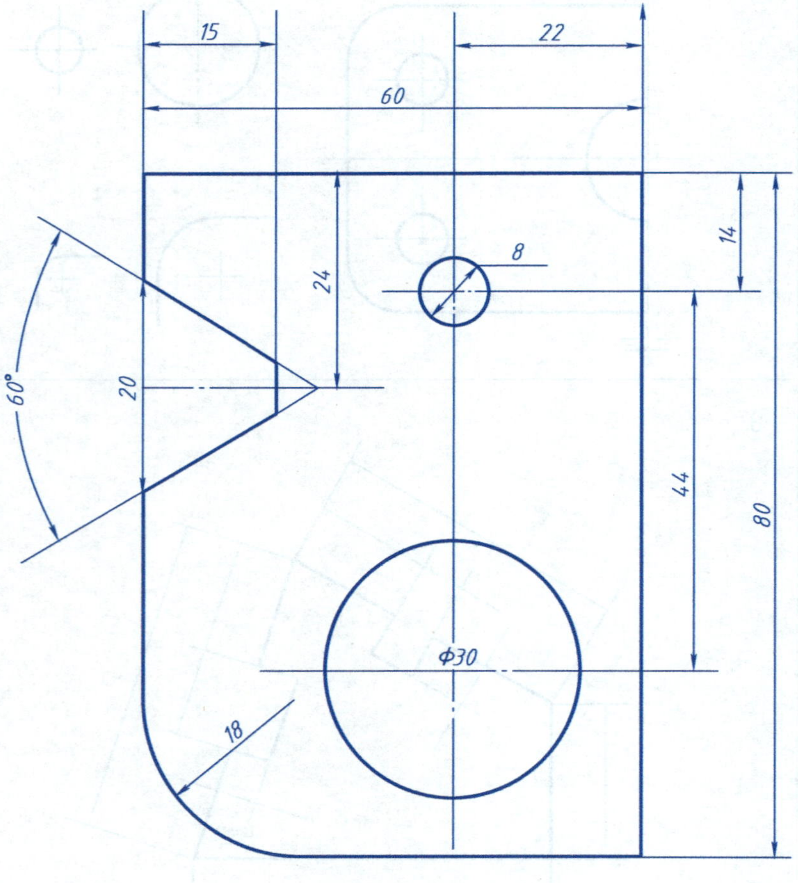

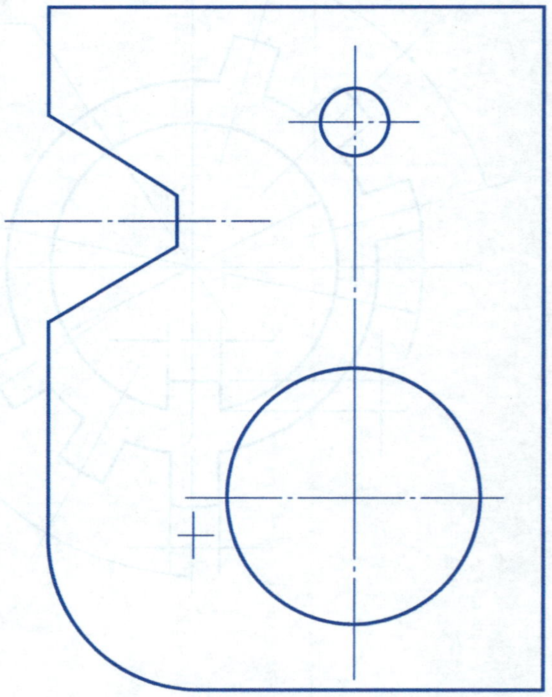

班级________________ 姓名________________ 学号________________

1-4 检查下面尺寸标注中的错误，将正确注法注写在右图中（续）。

2.

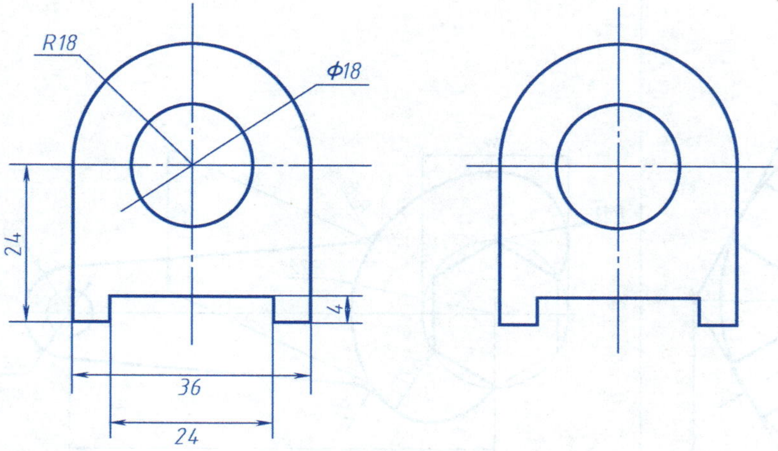

3.

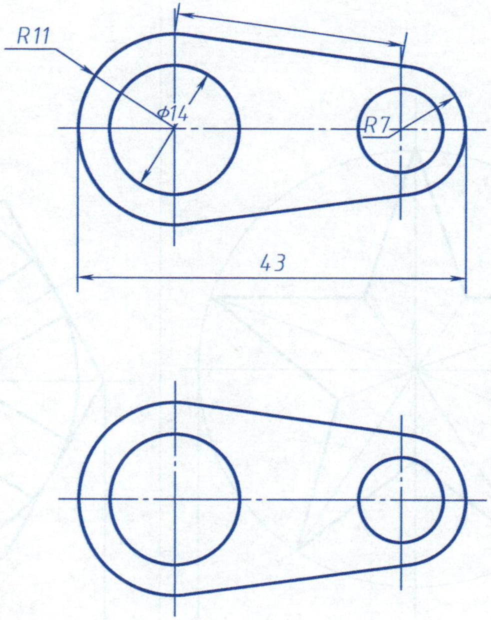

班级________ 姓名________ 学号________

1-5　抄画下面各平面图形（比例为1:1），并完成标注。

1.

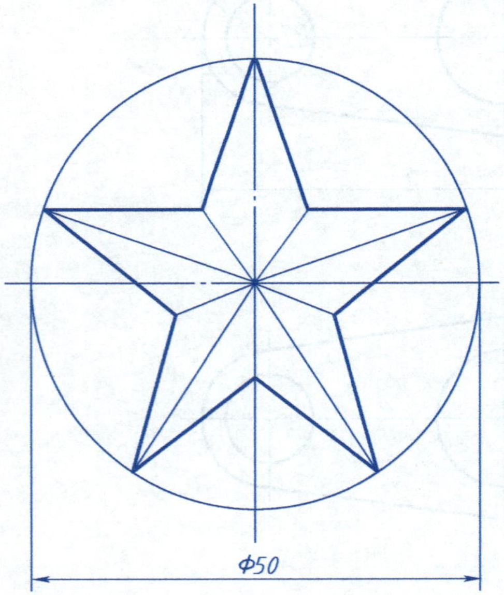

2.

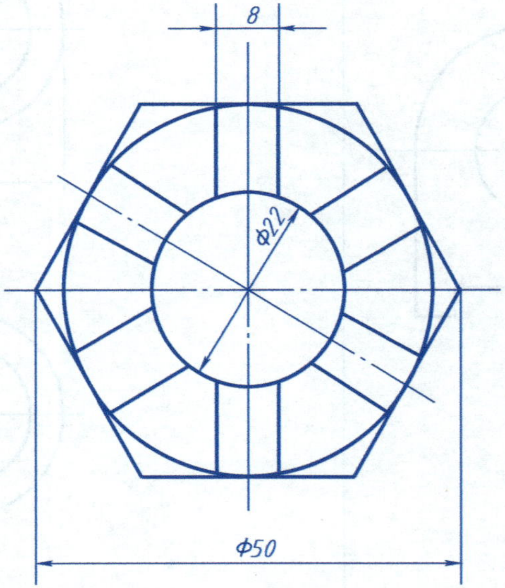

3.

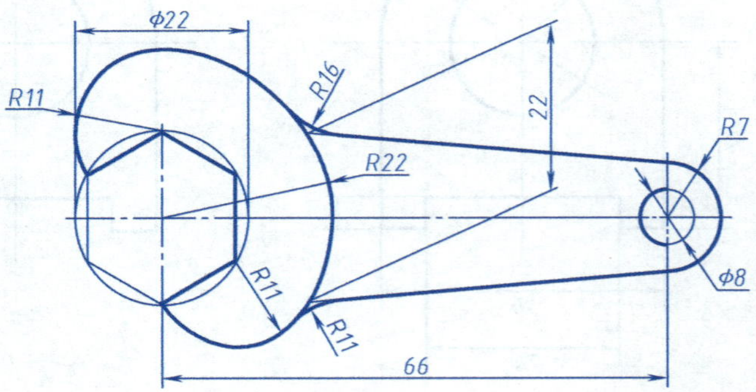

班级________　姓名________　学号________

1-5 抄画下面各平面图形（比例为1:1），并完成标注（续）。

4.

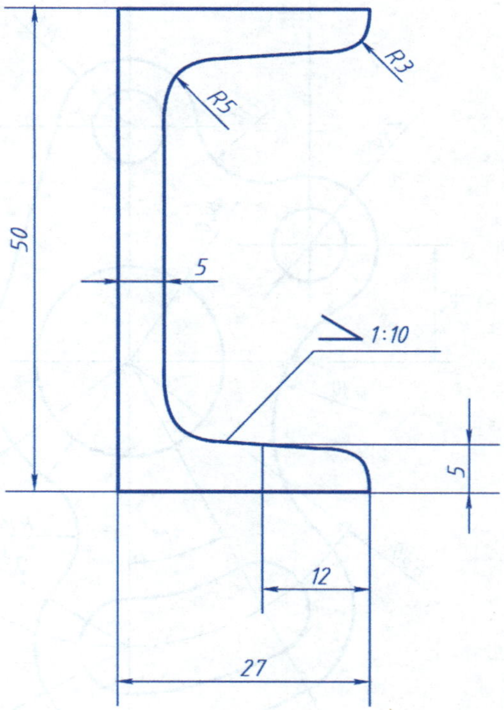

5.

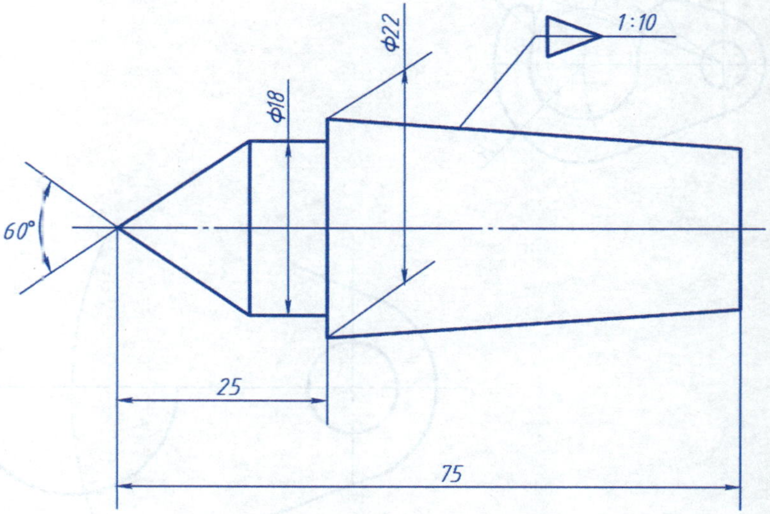

班级________ 姓名________ 学号________

1-6 几何作图。

1. 完成右下方图形的线段连接（比例为1:1）。

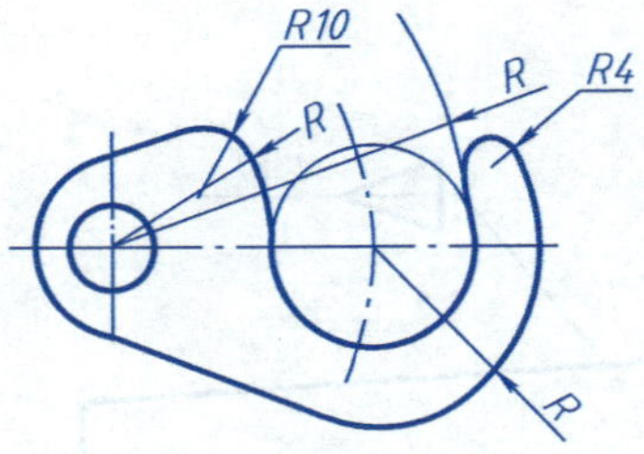

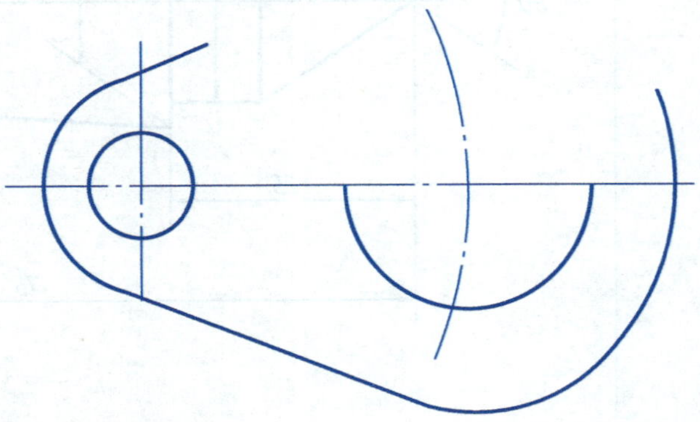

2. 抄画下面平面图形（比例为1:1）。

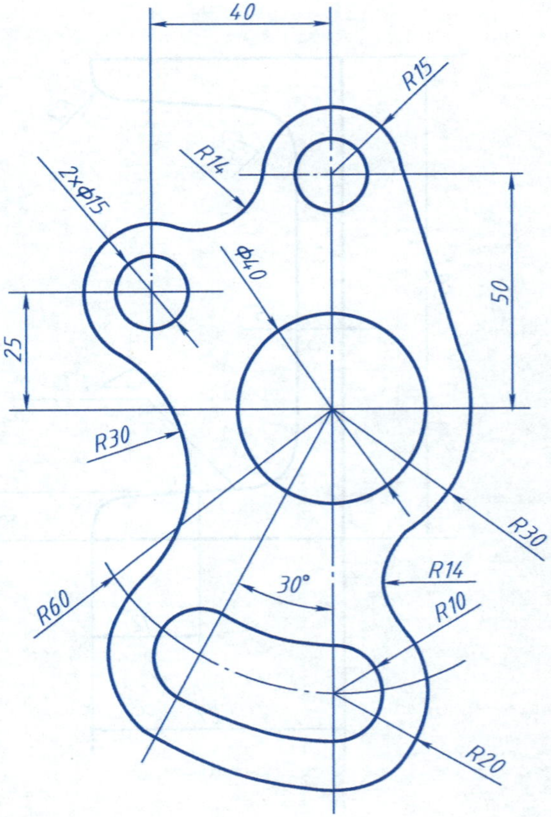

班级________ 姓名________ 学号________

1-7 抄画下面各平面图形（比例为1:1）。

1.

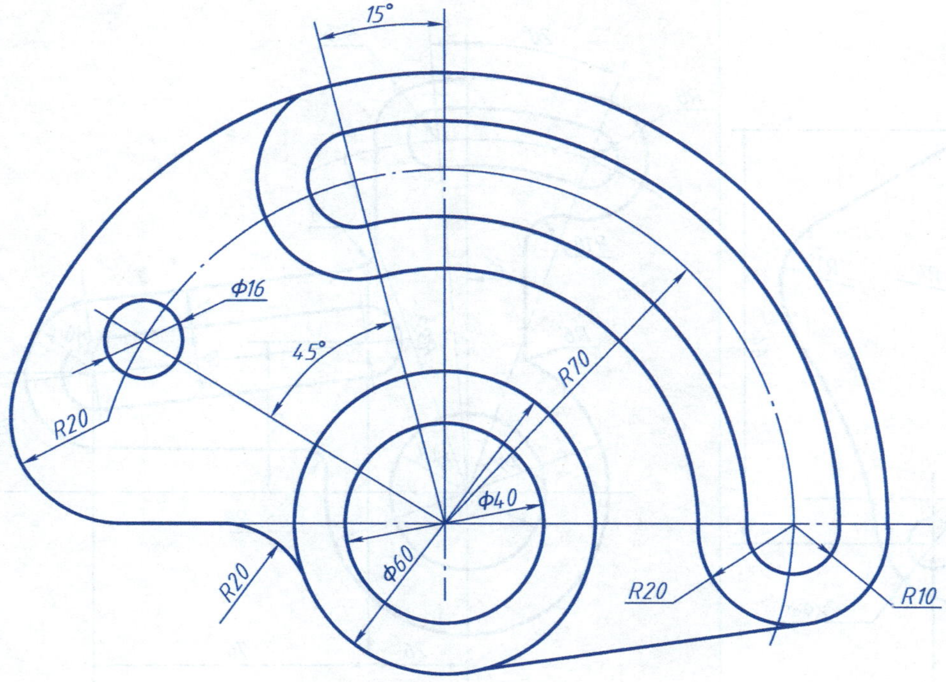

2.

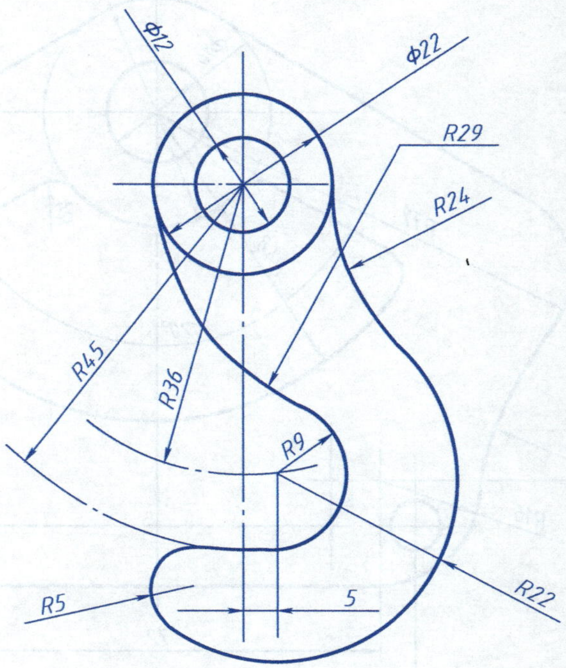

班级____________ 姓名____________ 学号____________

1-7 抄画下面各平面图形（比例为1:1）（续）。

3.

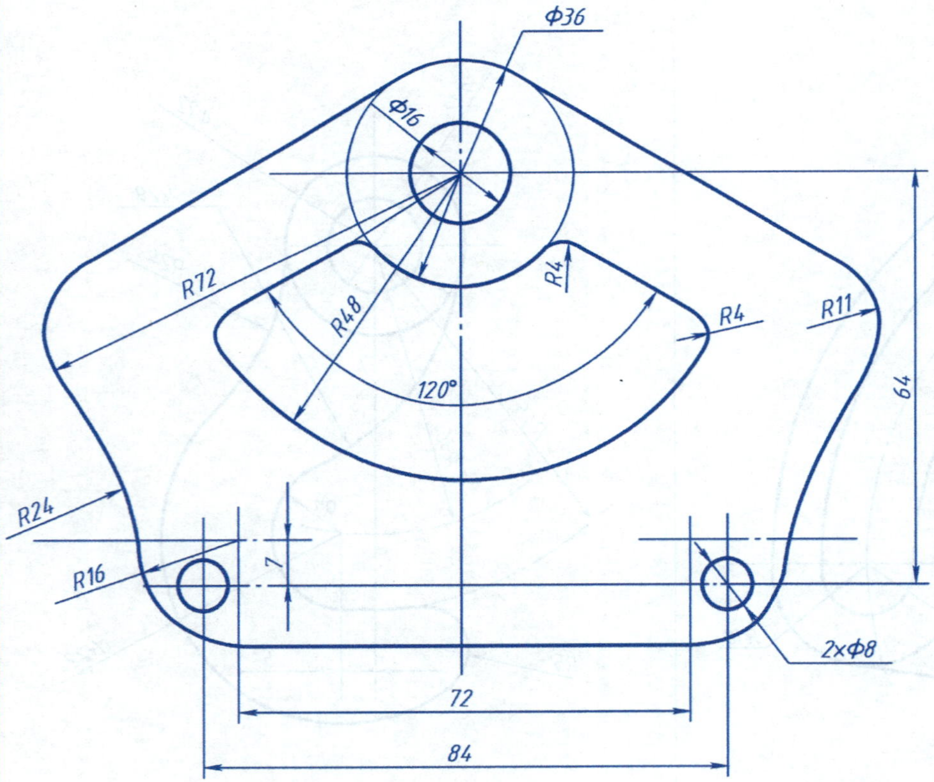

4.

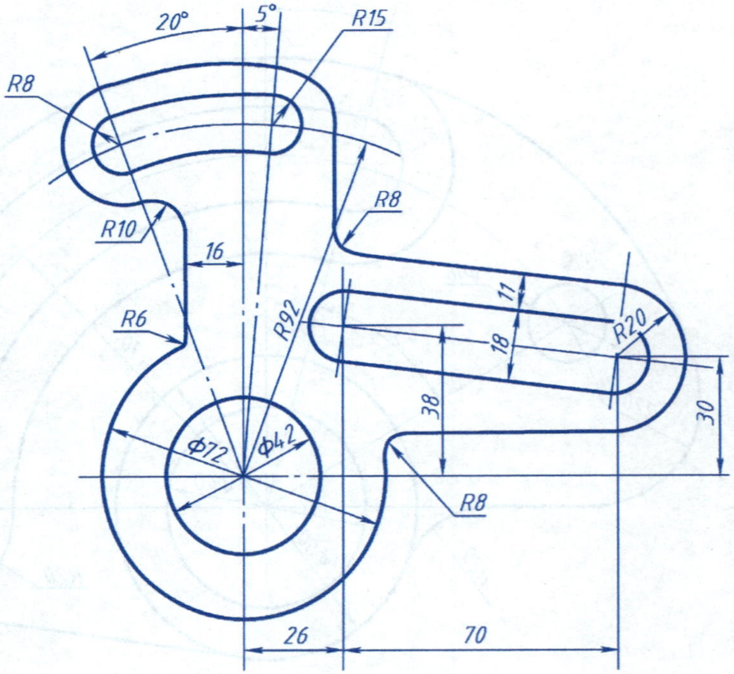

班级________ 姓名________ 学号________

1-8 平面图形的作业。

作 业 指 导

一、内容

抄画平面图形，并标注尺寸。

二、要求

1. 比例为1:1，选择适当的图纸图幅。
2. 布图匀称。
3. 作图准确。
4. 图面清晰、整洁，图线符合国家标准规定，尺寸数字及箭头大小一致。
5. 正确使用绘图工具。

三、作图步骤及注意事项

1. 固定图纸，布图。
2. 按线段分析确定的作图顺序，用铅笔轻轻地作出底稿。作图时线段的长短应尽量按所注尺寸一次画出，量取尺寸应使用分规。需要通过作图来确定的线段，作图时按估计位置略长一点画出，准确定位后及时擦去多余线条。
3. 标注尺寸。尺寸数字采用3.5号字，箭头宽约0.7mm，长为宽的4倍，为2~4mm。
4. 检查描深。描深之前一定要仔细检查，确认图形及尺寸都准确无误后，方可描深。描深时应按先细后粗，先圆后直，从上至下，从左到右的顺序依次进行。描深后粗实线宽约0.7mm，细线宽0.2~0.3mm。描深时各线段的起落点要准确，为使圆弧线段和直线段的图形均匀一致，圆规的铅芯应比画直线的软一号。
5. 填写标题栏。在相应栏内填写图名、姓名、班级、学号、比例、日期等内容。

注：平面图形见习题1-8（续）。

班级________ 姓名________ 学号________

1-8 平面图形的作业（续）。

1. 吊钩的平面图形。

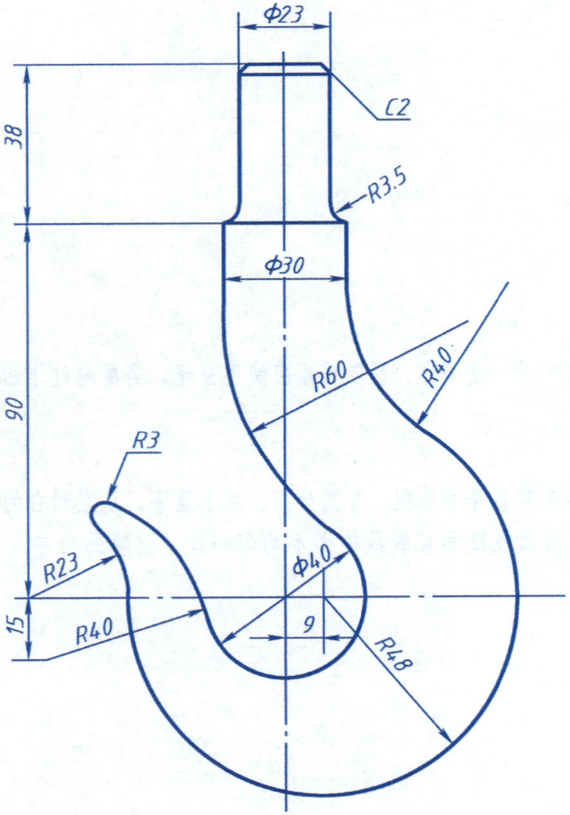

2. 挂轮架的平面图形。

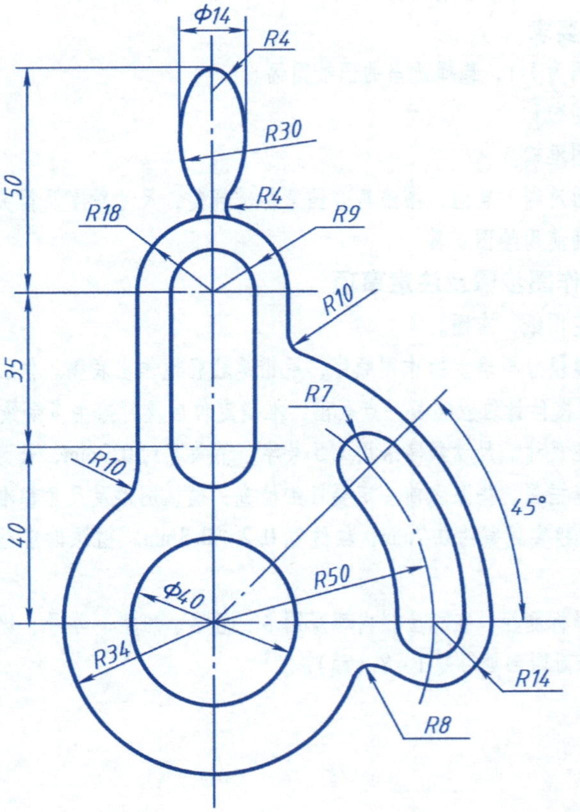

班级____________ 姓名____________ 学号____________

1-9 徒手画出下面平面图形（比例为1:1）。

1.

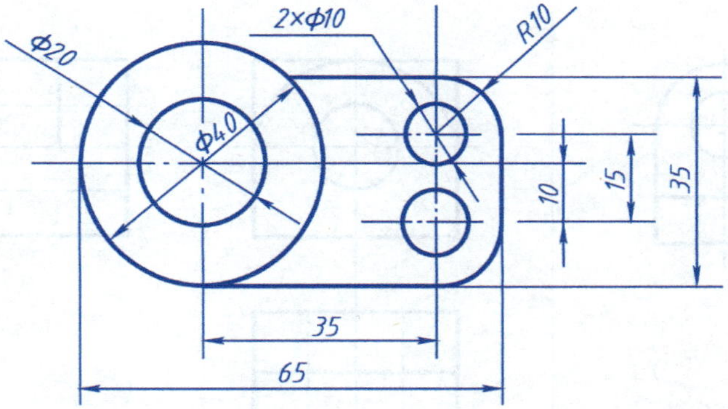

2.

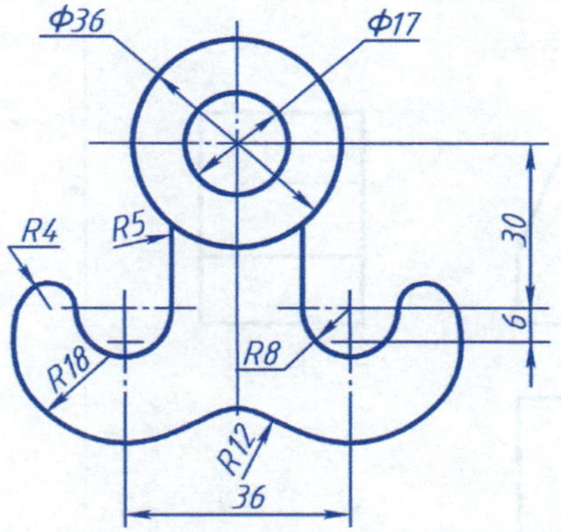

班级________ 姓名________ 学号________

第二章　正投影法及三视图

2-1　看懂下列三视图，在习题2-1（续）的下方找出其所对应的立体图，并且把立体图的代号填写在相应三视图的括号内。

1.

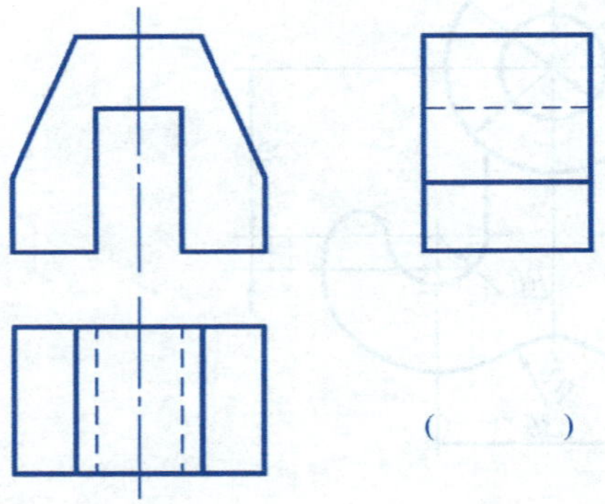

（　　）

2.

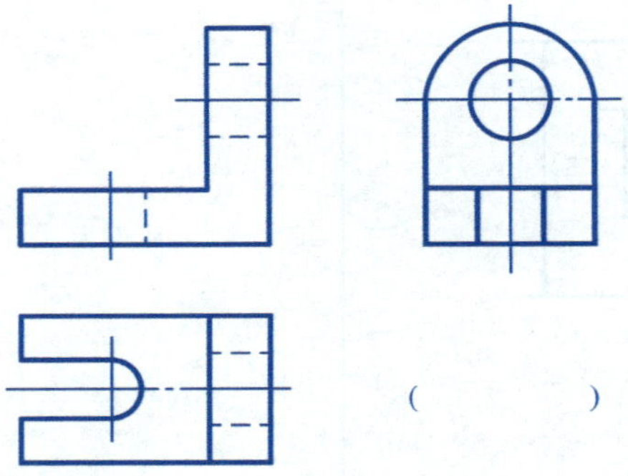

（　　）

3.

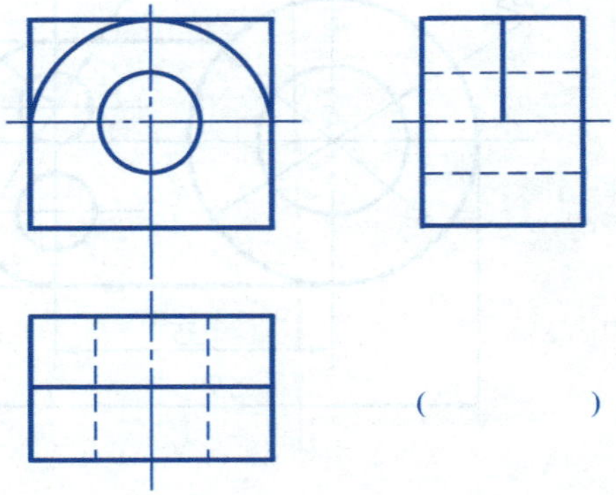

（　　）

4.

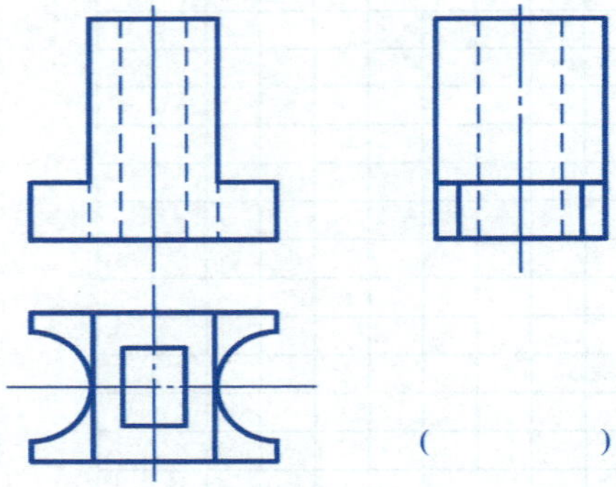

（　　）

5.

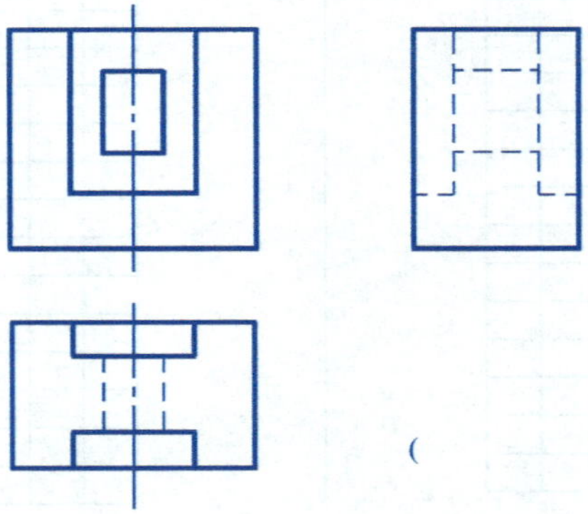

（　　）

6.

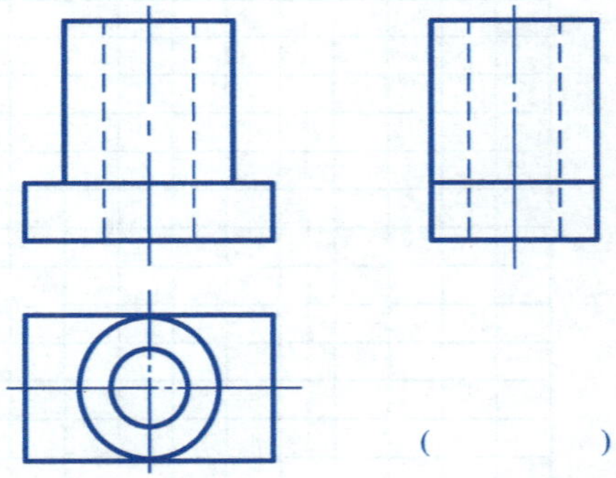

（　　）

班级________　　姓名________　　学号________

2-1 看懂下列三视图，在下方找出其所对应的立体图，并且把立体图的代号填写在相应三视图的括号内（续）。

7.

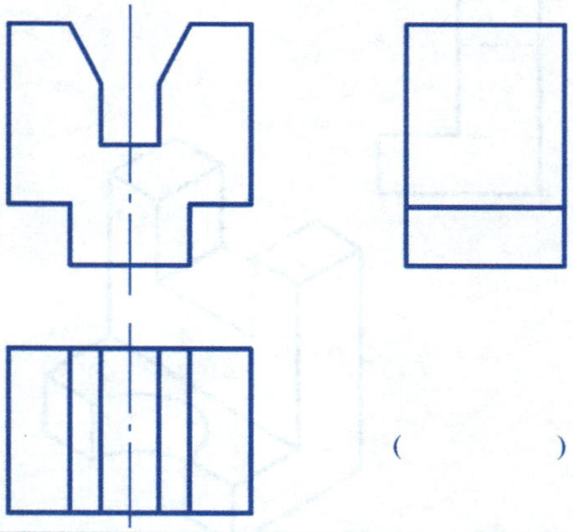

(　　　　)

8.

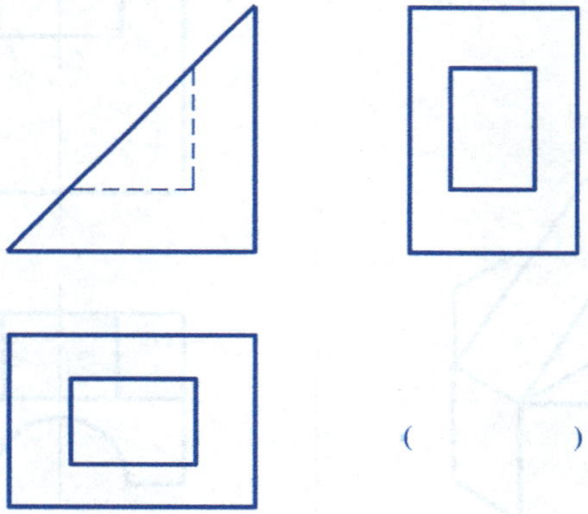

(　　　　)

9.

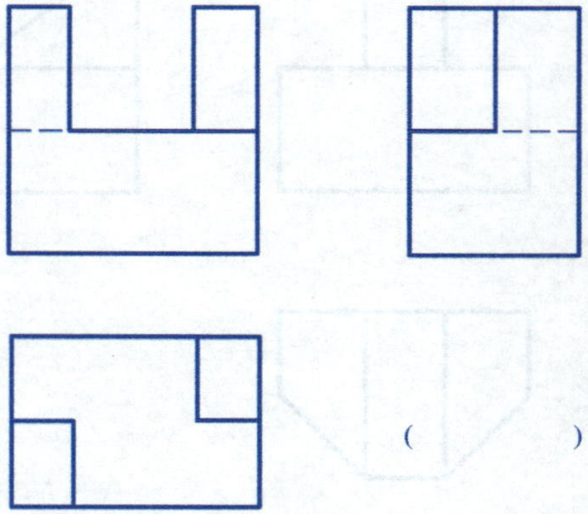

(　　　　)

(a)

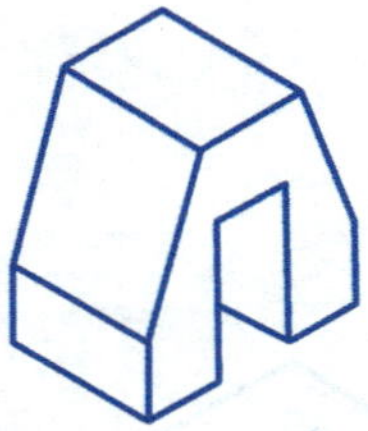

(b)

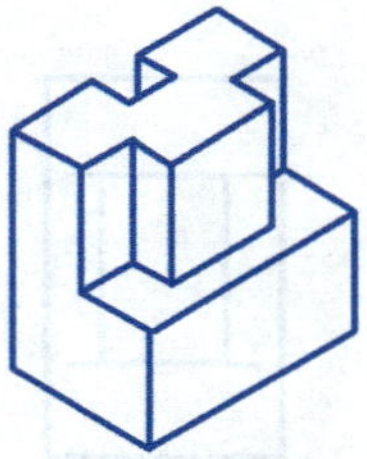

(c)

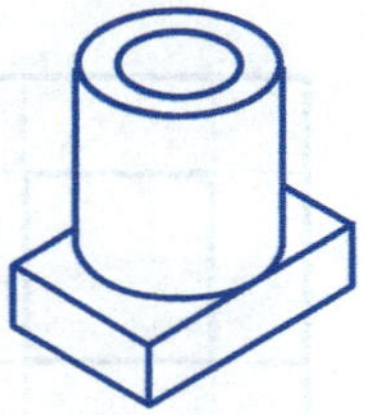

(d)

(e)

(f)

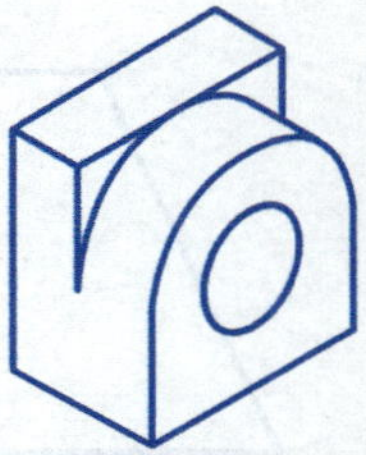

(g)

(h)

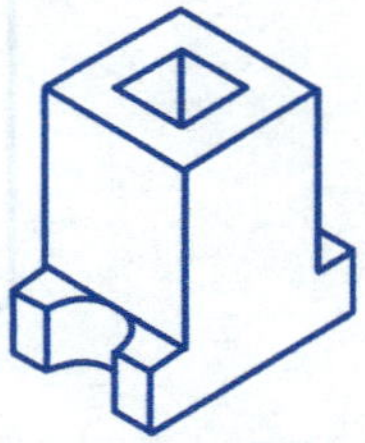

(i)

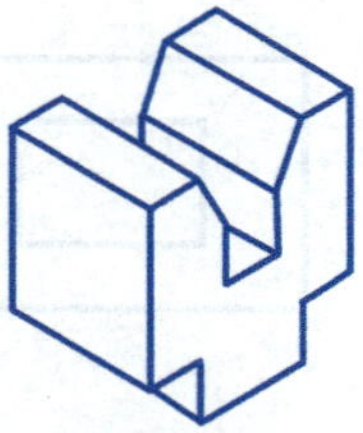

(j)

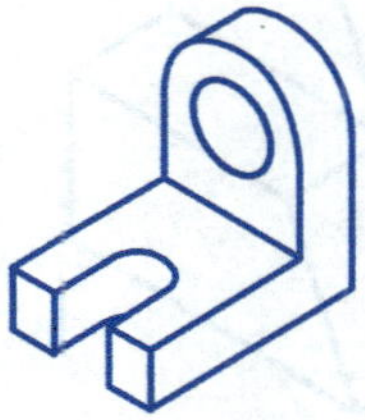

(k)

(l)

班级＿＿＿＿＿＿＿＿　　姓名＿＿＿＿＿＿＿＿　　学号＿＿＿＿＿＿＿＿

2-2　根据立体图补画视图中所缺的图线。

1.

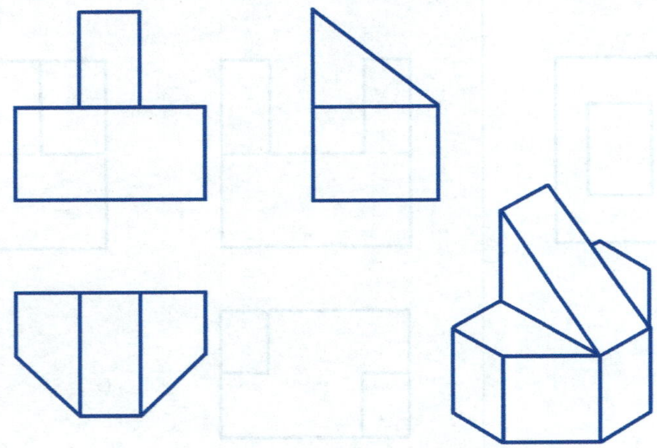

2.

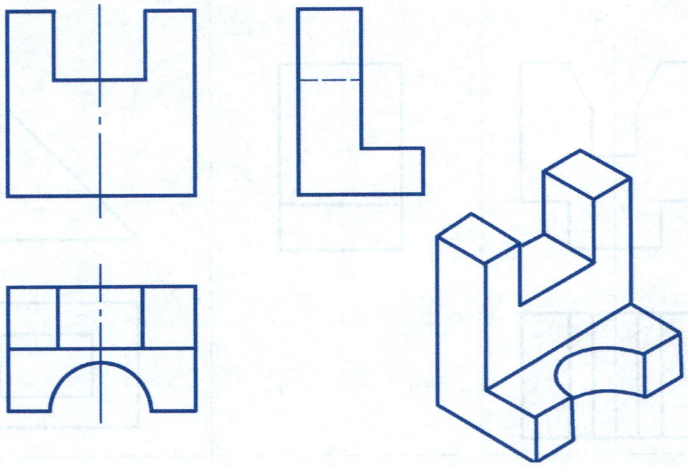

3.

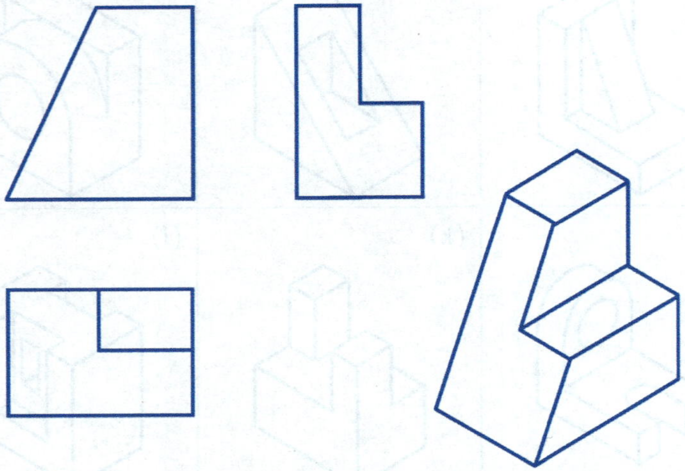

4.

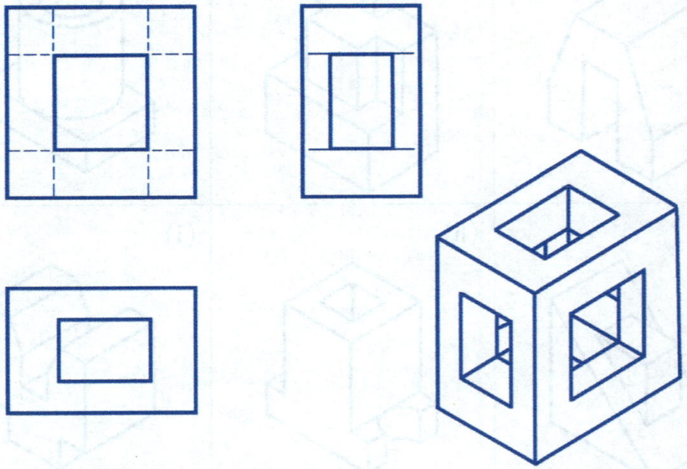

班级________________　　姓名________________　　学号________________

2-3 根据两面视图和立体图，补画第三面视图。

1.

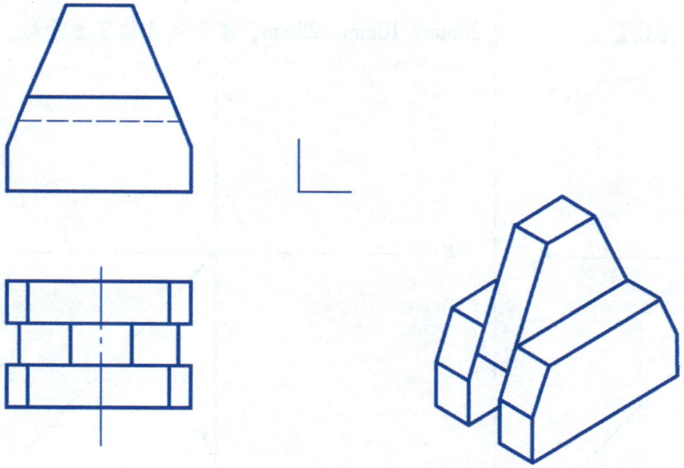

2.

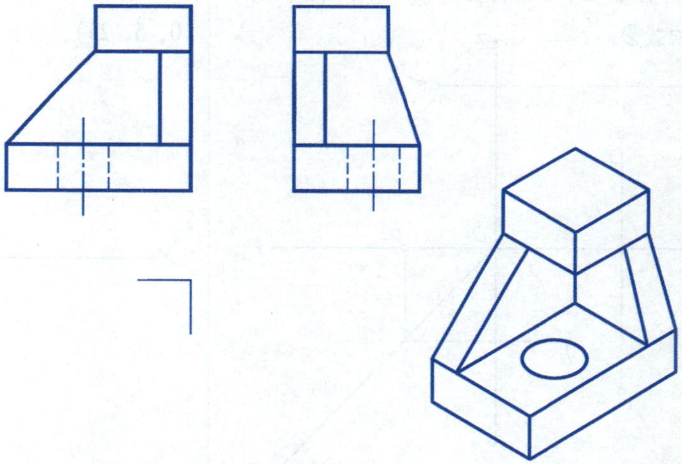

3.

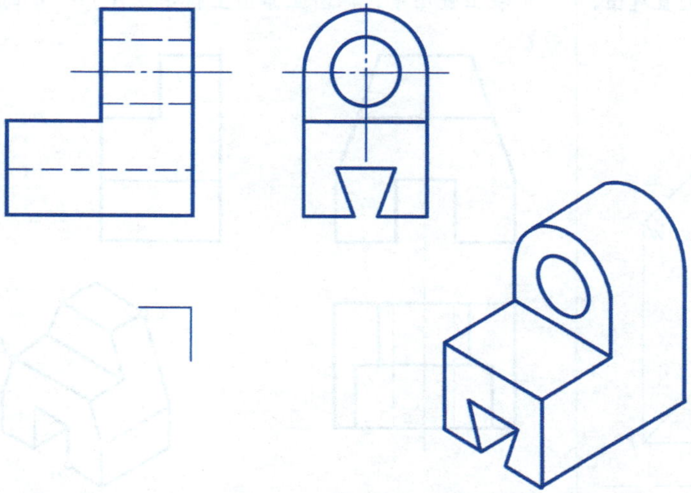

4.

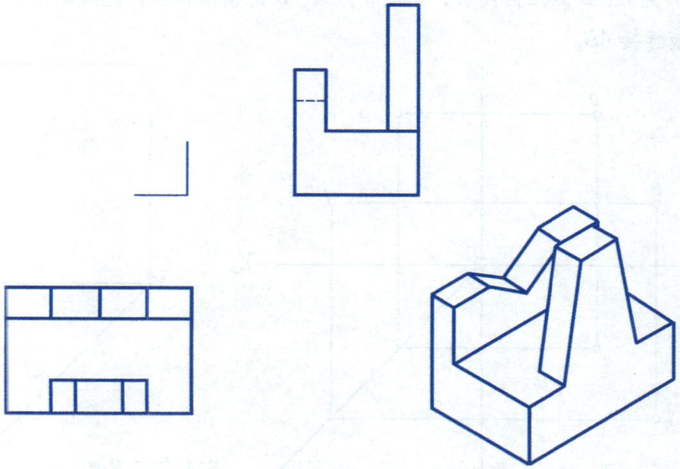

班级__________ 姓名__________ 学号__________

2-4 点的投影。

1\. 已知点A、B、C的两面投影，求作点A、B、C的第三面投影。

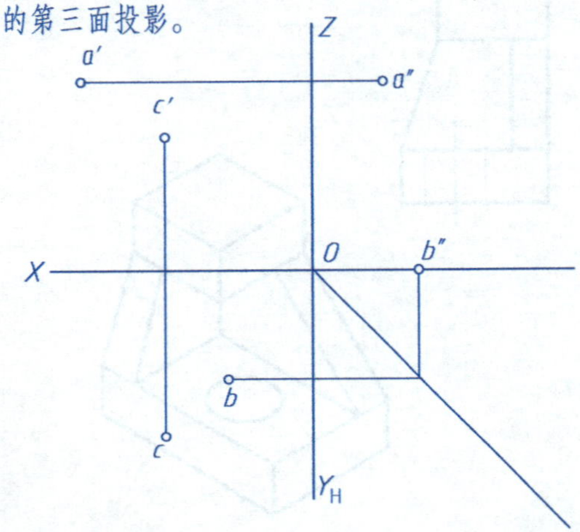

2\. 已知点A（12，20，18）、B（25，10，20）、C（0，5，25），求作点A、B、C的三面投影。

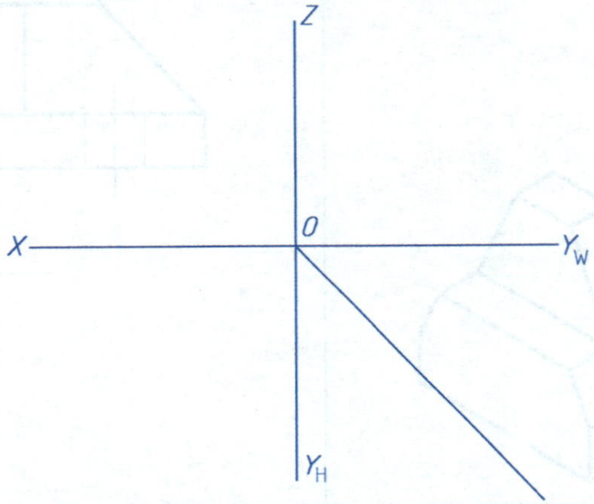

3\. 已知点A到H面、V面、W面的距离分别是20mm、10mm、25mm，求作点A的三面投影。

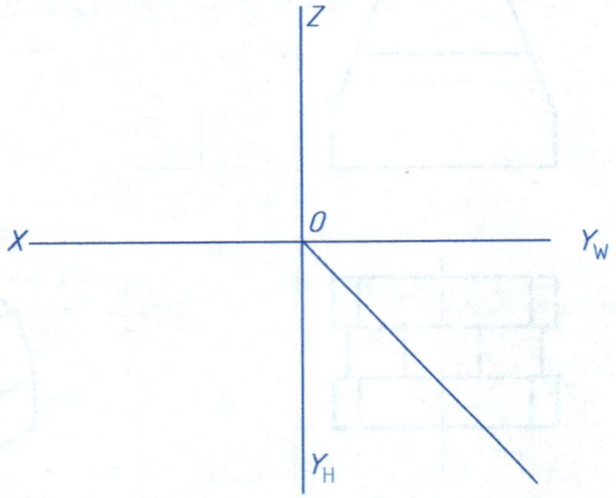

4\. 已知点A、B的三面投影，试比较点A、B的相对位置，完成填空，并求作点A、B的直观图，用粗实线连接AB。

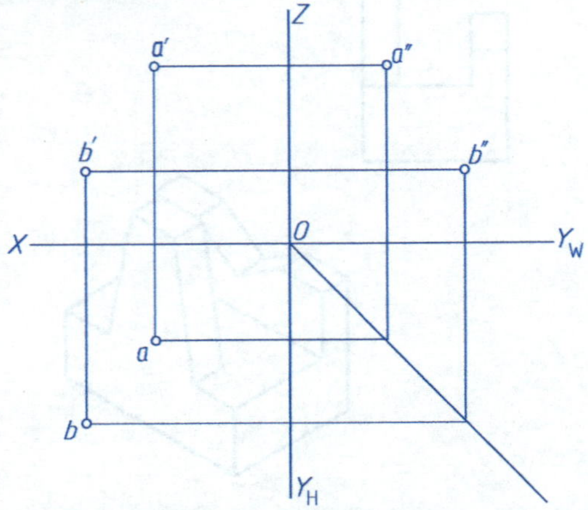

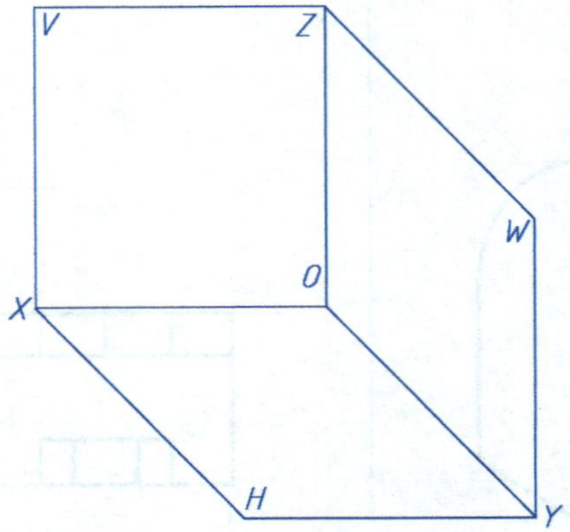

点A在点B的________、________、________。

5\. 在三视图中，标出立体图上指定点A、B、C的三面投影

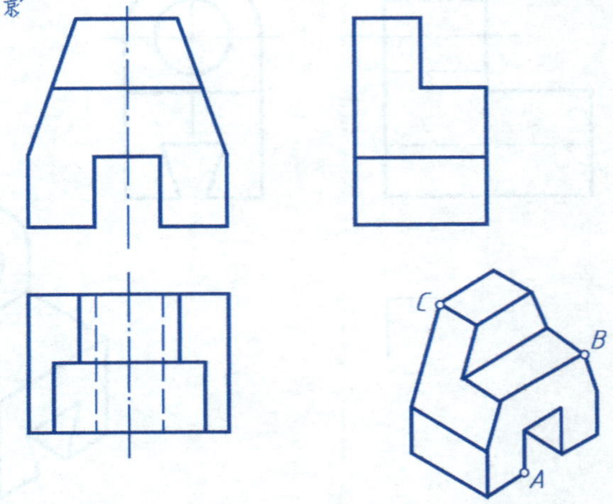

班级____________ 姓名____________ 学号____________

6. 已知点 A、B、C 的两面投影，求作点 A、B、C 的第三面投影。

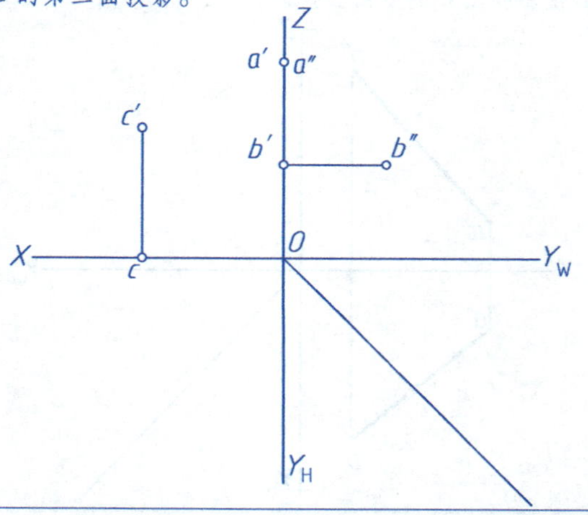

7. 已知点 A 的三面投影，点 B 在点 A 的正前方 10mm，求作点 B 的三面投影。

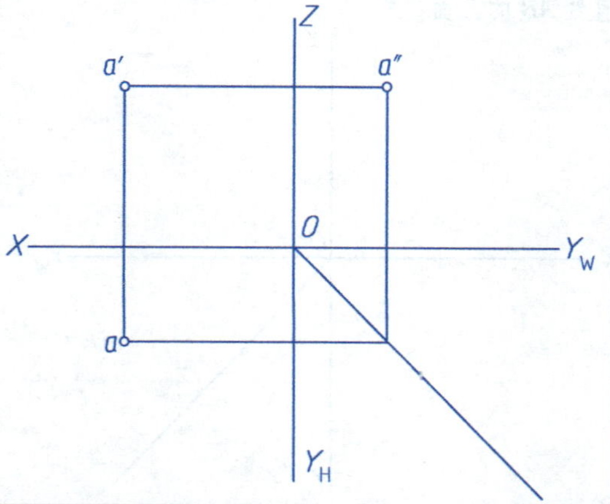

8. 已知点 A 的三面投影，点 B 在点 A 的右方 10mm，前方 15mm、上方 8mm，求作点 B 的三面投影。

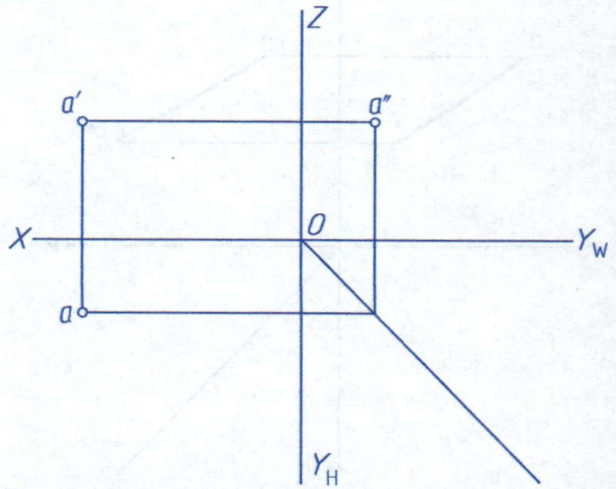

9. 已知点 A、B 的直观图，求作点 A、B 的三面投影，并用粗实线连接 ab、a′b′和 a″b″。（坐标值从直观图中量取整数）。

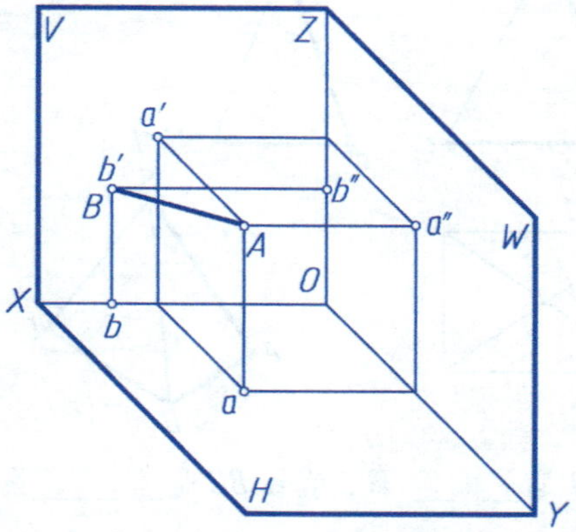

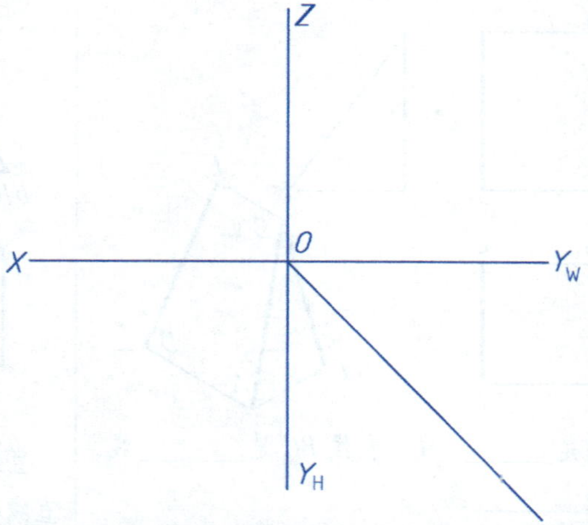

10. 补画三视图中所缺的图线，标注点 A、B 的三面投影。

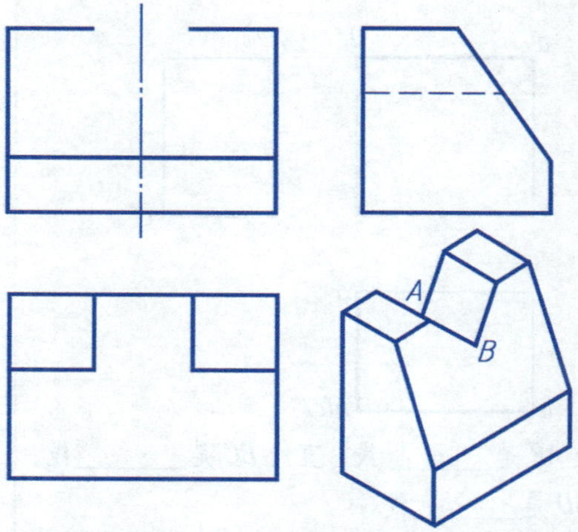

班级＿＿＿＿＿＿＿＿　姓名＿＿＿＿＿＿＿＿　学号＿＿＿＿＿＿＿＿

2-5 直线的投影。

1. 已知直线的两面投影，求作其第三面投影。

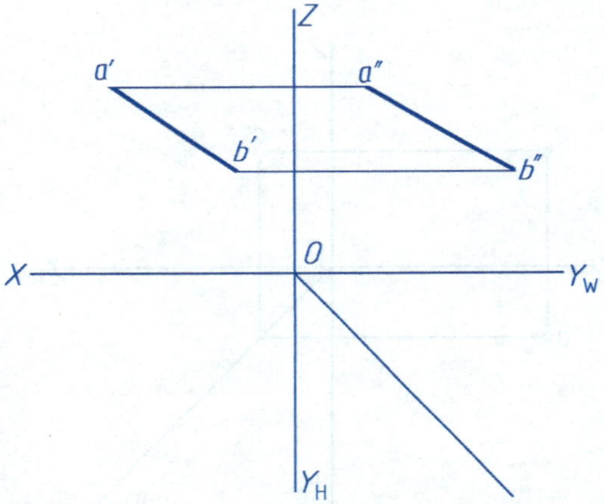

2. 已知正垂线 *AB* 的长度为25mm，到 *H* 面、*W* 面的距离分别为20mm、18mm，点 *A* 在 *V* 面上，求作直线 *AB* 的三面投影。

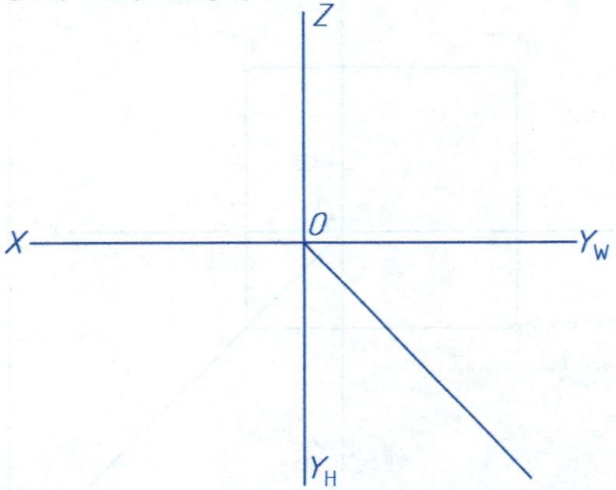

3. 已知点 *C* 在直线 *AB* 上，求作直线 *AB* 的第三面投影和点 *C* 的另两面投影。

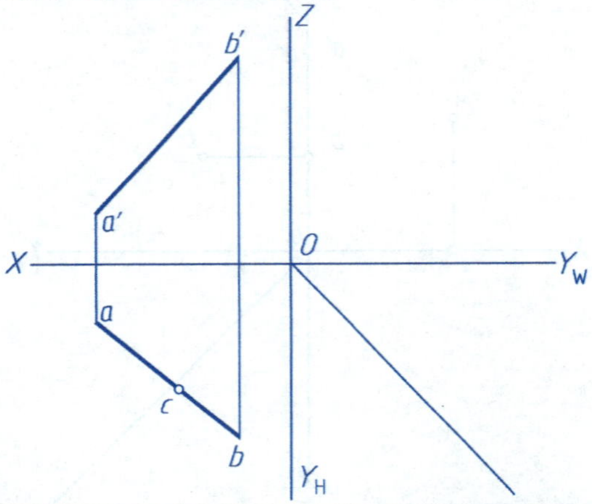

4. 已知物体的三视图，试补充标注和描深物体棱线的三面投影，并判断它们的空间位置，完成填空。

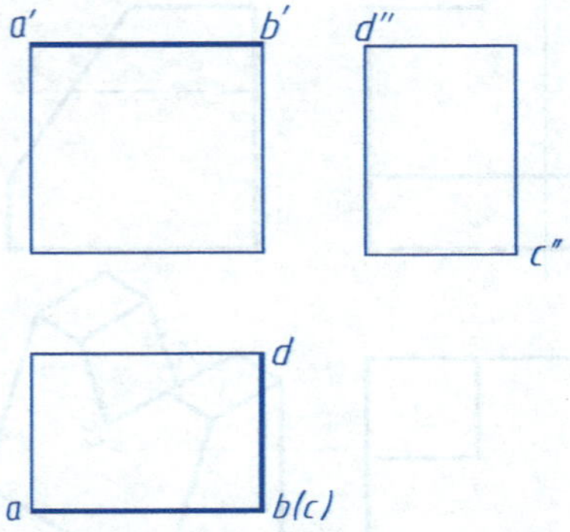

直线 *AB* 是________线，直线 *BC* 是________线，直线 *BD* 是________线。

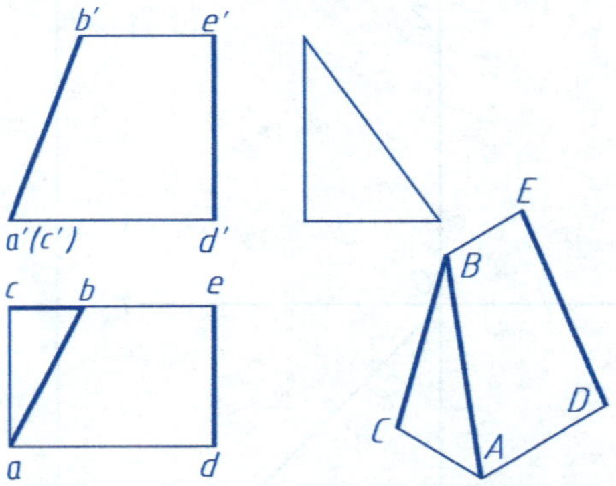

直线 *AB* 是________线，直线 *BC* 是________线，直线 *DE* 是________线。

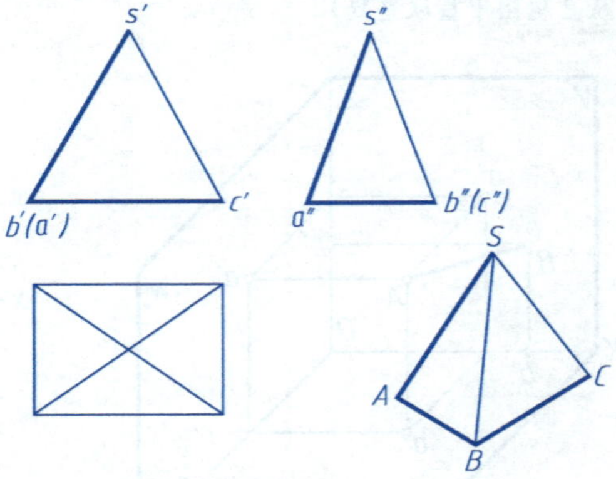

直线 *AB* 是________线，直线 *BC* 是________线，直线 *SA* 是________线。

班级________________ 姓名________________ 学号________________

5. 求作正平线 AB 的另两面投影。

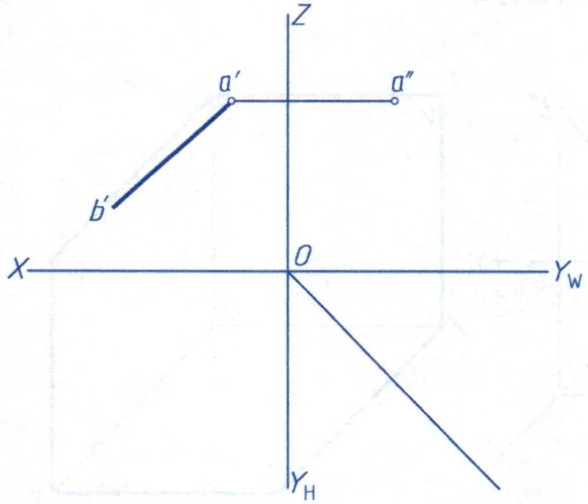

6. 已知直线 AB 的两面投影，求作其第三面投影和直观图，并判断点 A、B 的空间位置，完成填空。

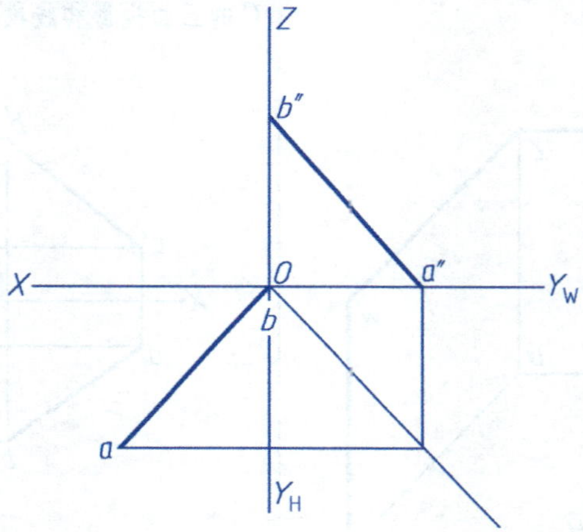

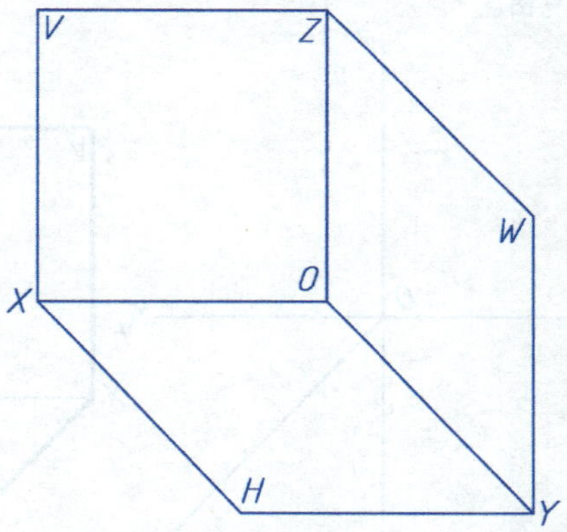

点 A 在________上，点 B 在________上。

7. 已知直线 AB 和点 C 的两面投影，求作它们的第三面投影，并判断点 C 是否在直线 AB 上。

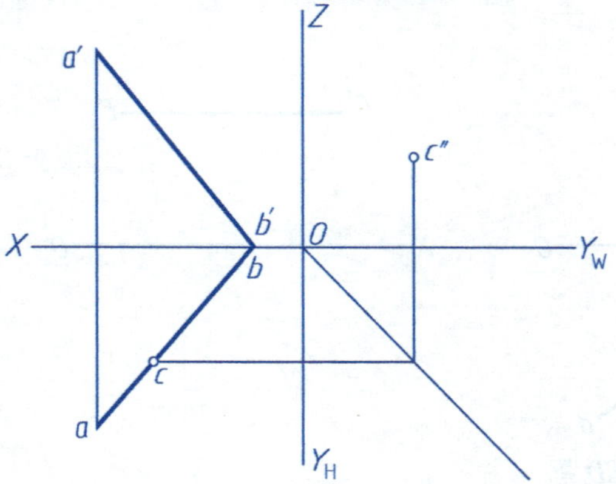

点 C________直线 AB 上。

8. 判断下列各直线的空间位置，完成填空。

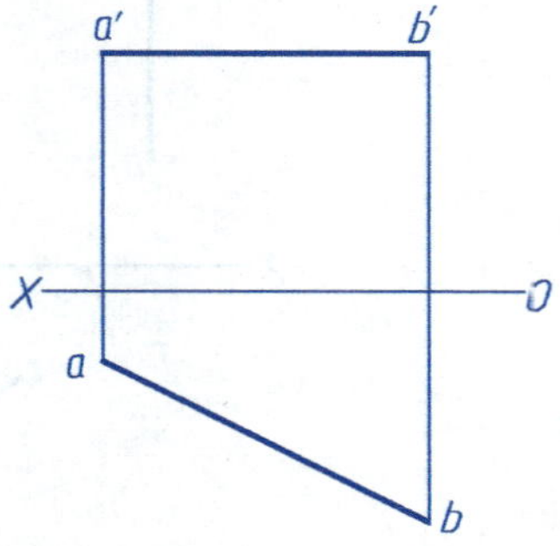

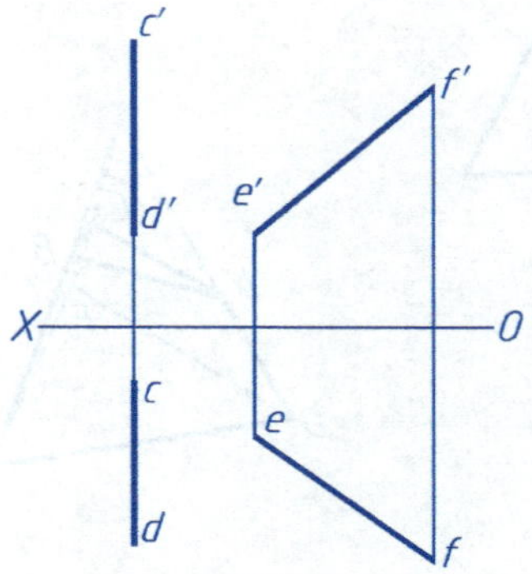

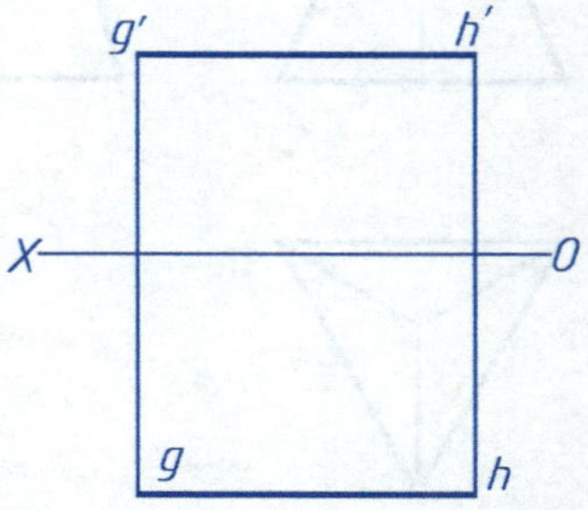

直线 AB 是________，直线 CD 是________，直线 EF 是________，直线 GH 是________。

班级____________ 姓名____________ 学号____________

9. 已知线段两端点 A（20，15，10）、B（10，8，18），求作 AB 的三面投影和直观图。

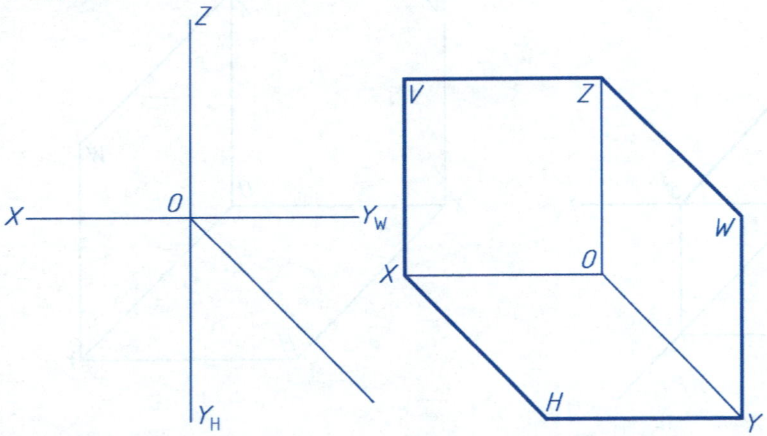

10. 已知线段 AB 的三面投影，点 C 在线段 AB 上，点 C 距 V 面 10mm，求作点 C 的三面投影和线段 AB、点 C 的直观图。

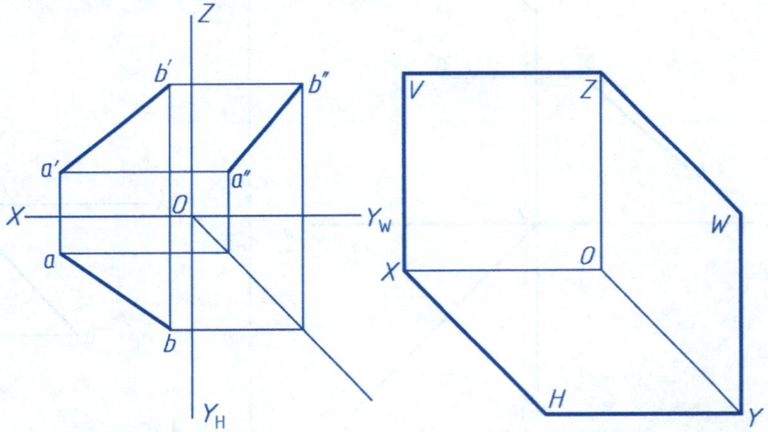

11. 补画三视图中的缺线，标注点 A、B、C 的三面投影，并完成填空。

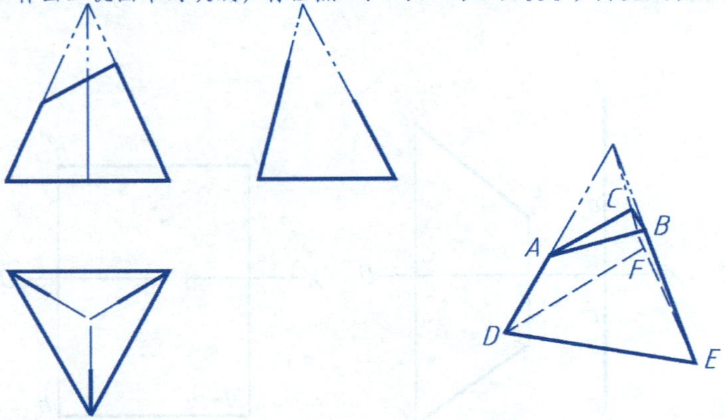

直线 AB 是________，直线 AC 是________，直线 DF 是________，直线 DE 是________。

12. 已知直线 AB 在 V 面上，直线 CD 在 H 面上，直线 EF 是侧垂线，到 H 面和 V 面的距离相等，求作直线 AB、CD、EF 的另一面投影，并完成填空。

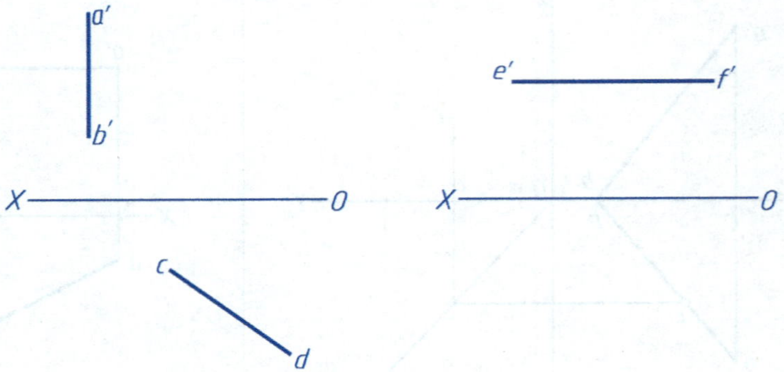

直线 AB 是________，直线 CD 是________。

班级________ 姓名________ 学号________

2-6 平面的投影。

1. 已知平面的两面投影，求作其第三面投影，并判断平面的空间位置，完成填空。

1）

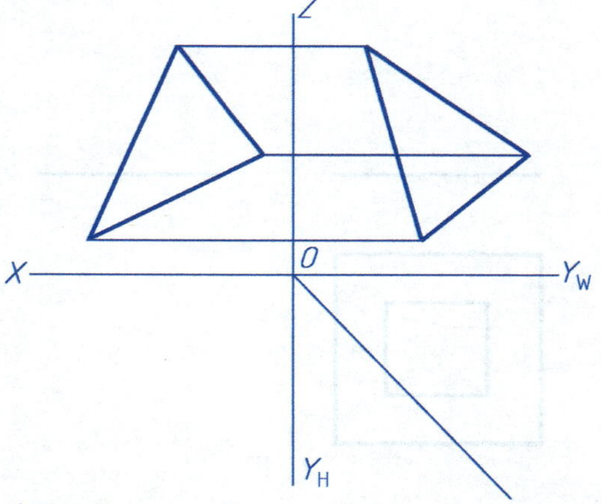

该平面是________面。

2）

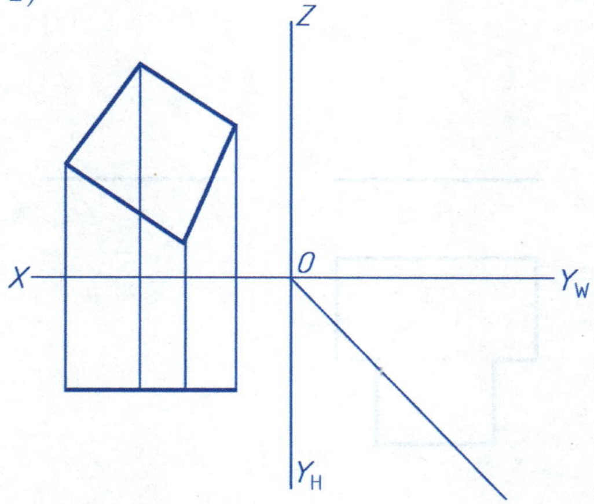

该平面是________面。

3）

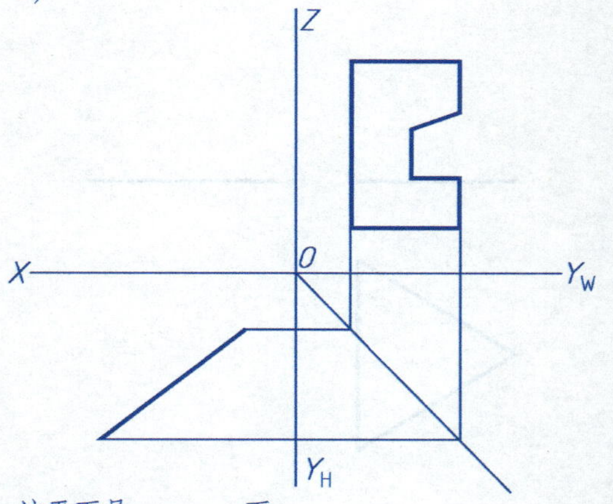

该平面是________面。

4）

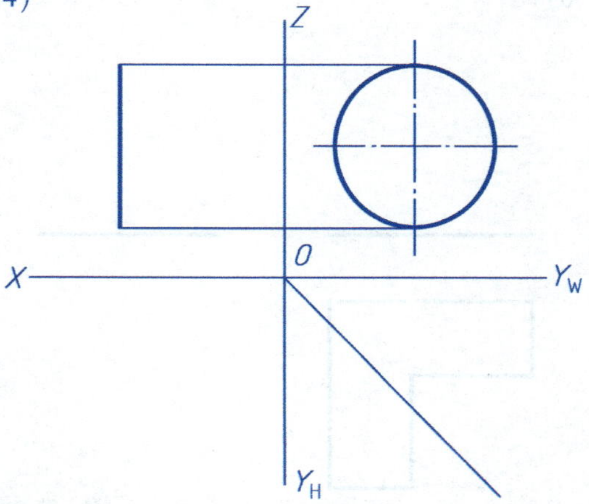

该平面是________面。

5）

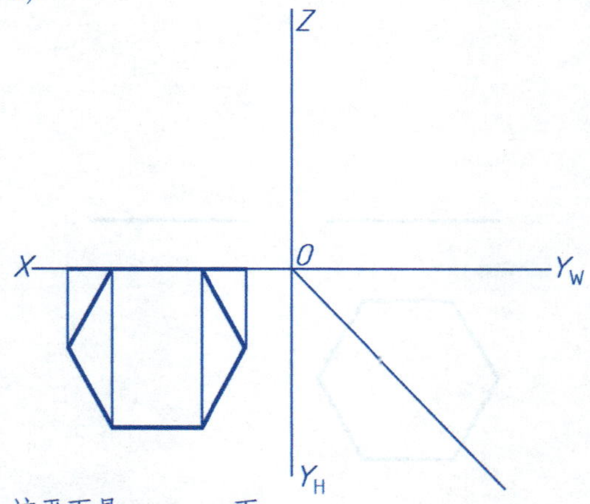

该平面是________面。

6）

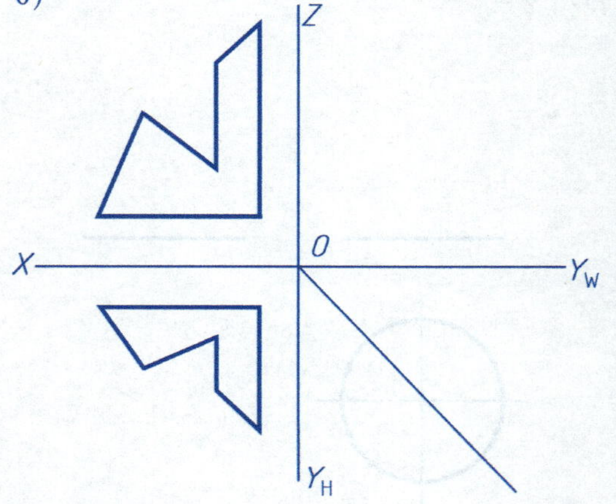

该平面是________面。

班级________________　　姓名________________　　学号________________

2-6 平面的投影（续）。

2. 已知平面的三面投影，以该平面为底面，高度为20mm，想象出立体的形状，并完成立体的三视图。

1）

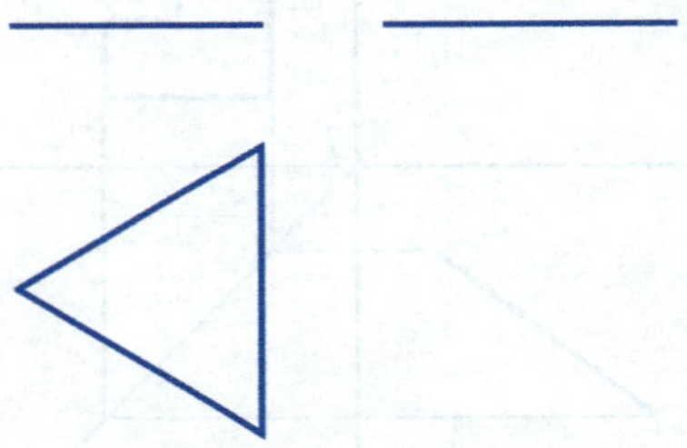

2）

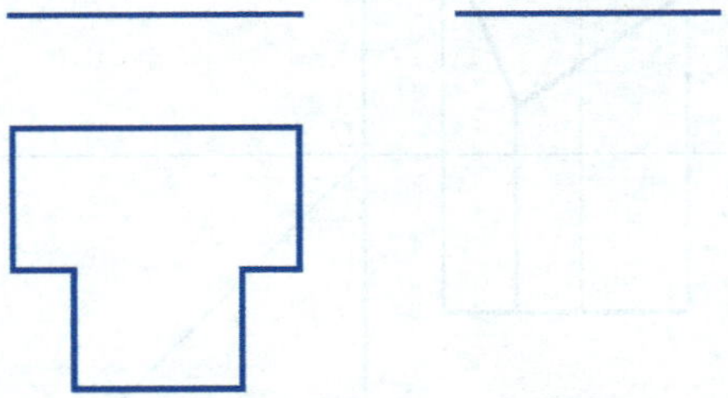

3）

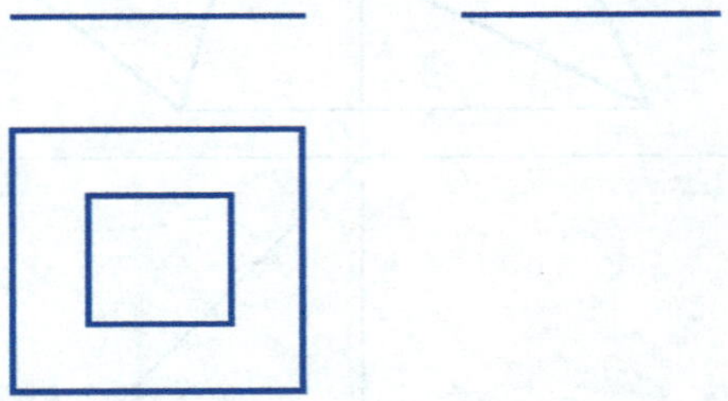

4）

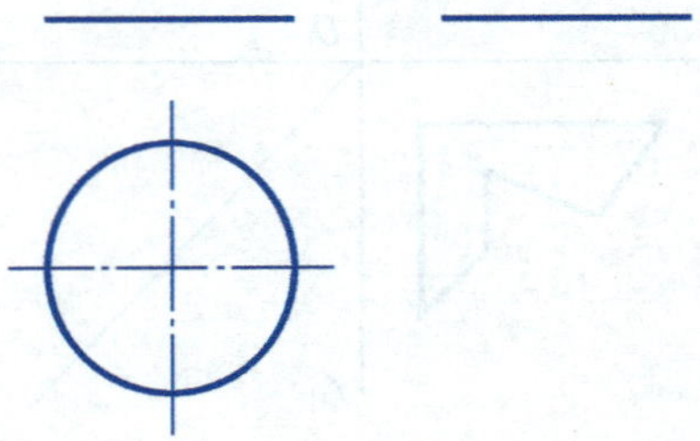

5）

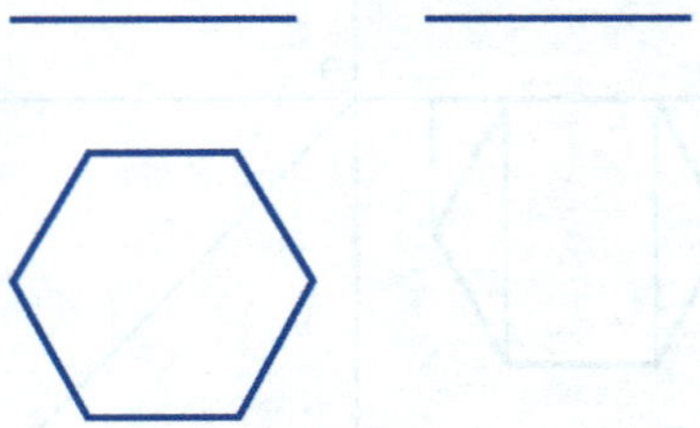

6）

班级＿＿＿＿＿＿＿＿ 姓名＿＿＿＿＿＿＿＿ 学号＿＿＿＿＿＿＿＿

2-6 平面的投影（续）。

3. 在三视图中标注立体图上指定平面的三面投影，并判断其空间位置，完成填空。

1）

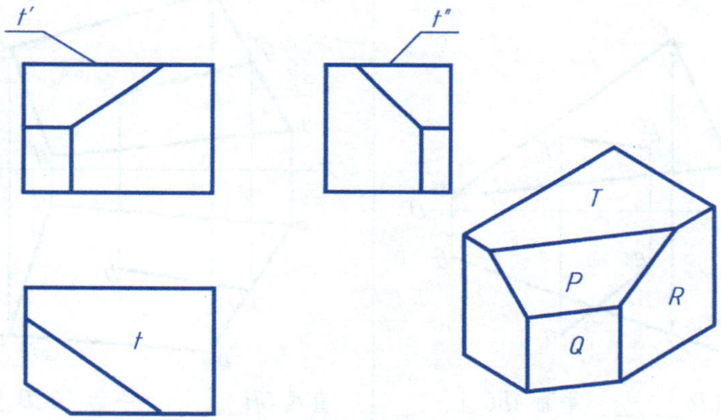

平面 P 是______面，平面 Q 是______面，平面 R 是______面。

2）

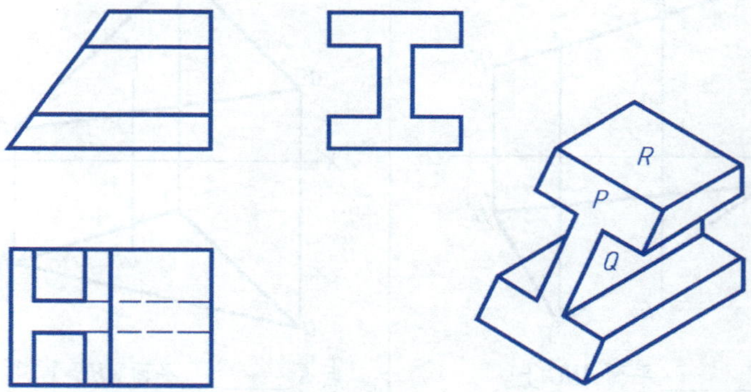

平面 P 是______面，平面 Q 是______面，平面 R 是______面。

3）

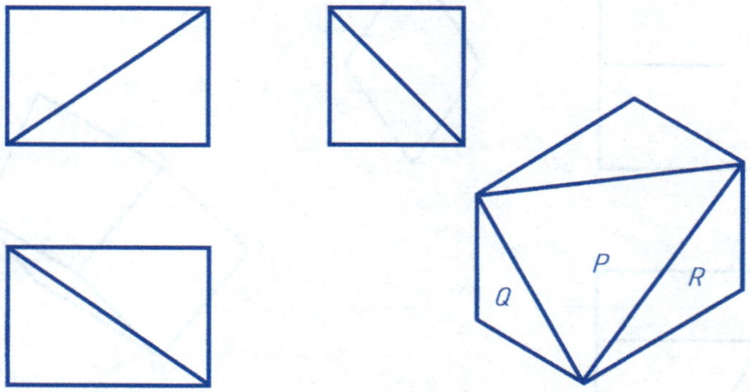

平面 P 是______面，平面 Q 是______面，平面 R 是______面。

4）

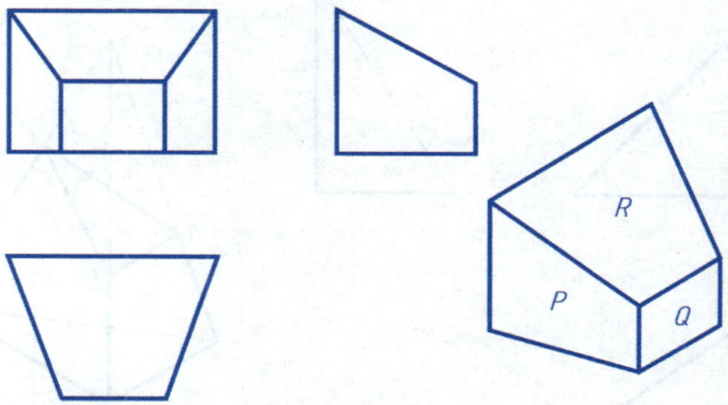

平面 P 是______面，平面 Q 是______面，平面 R 是______面。

班级______ 姓名______ 学号______

4. 判断下列点或直线是否在给定的平面上。

1)

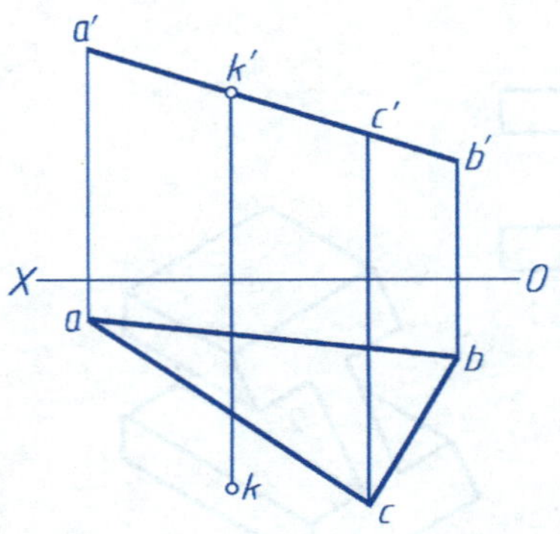

点 K ________平面 ABC 上。

2)

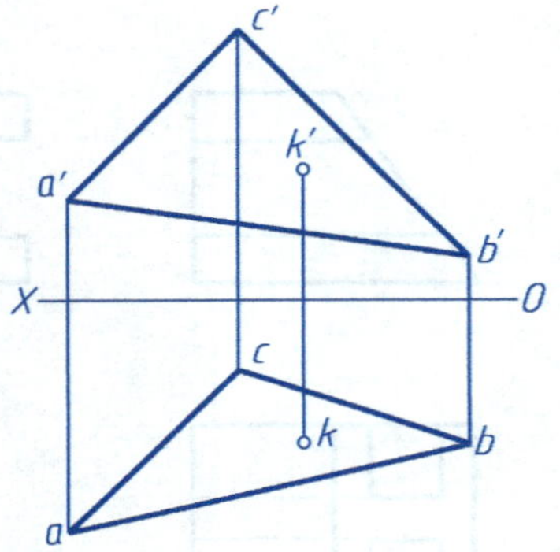

点 K ________平面 ABC 上。

3)

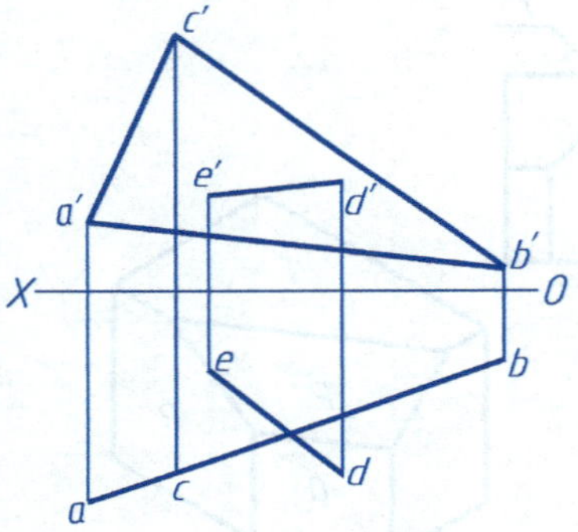

直线 ED ________平面 ABC 上。

4)

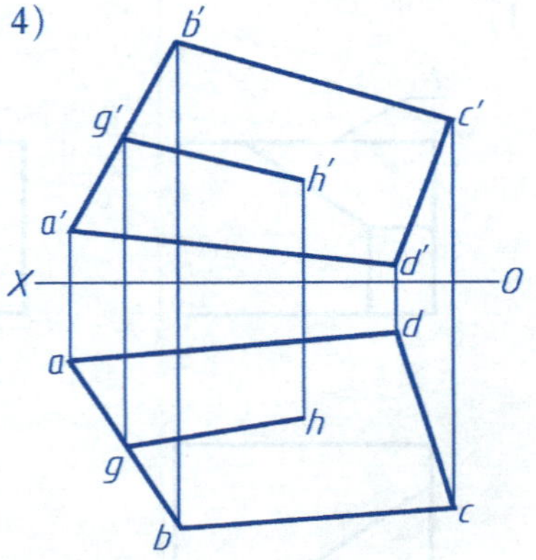

直线 GH ________平面 ABCD 上。

5. 完成物体的三面视图，标注平面 ABC 的三面投影，并判断平面 ABC 的空间位置。

平面 ABC 是________面。

6. 完成平面 ABCD 的三面投影和标注，并判断平面 ABCD 的空间位置。

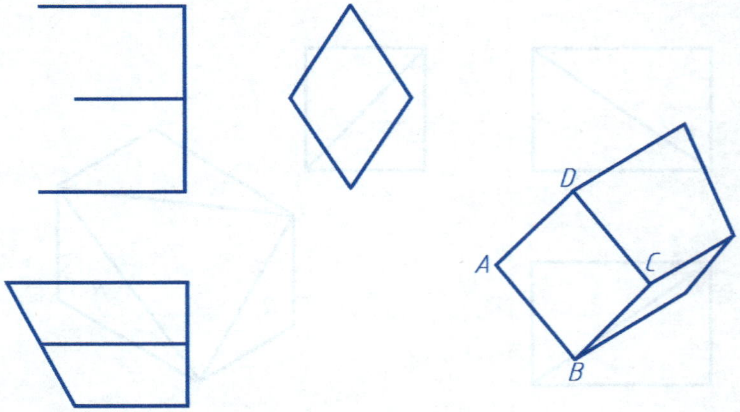

平面 ABCD 是________面。

班级________________ 姓名________________ 学号________________

7. 完成四边形的另一面投影。

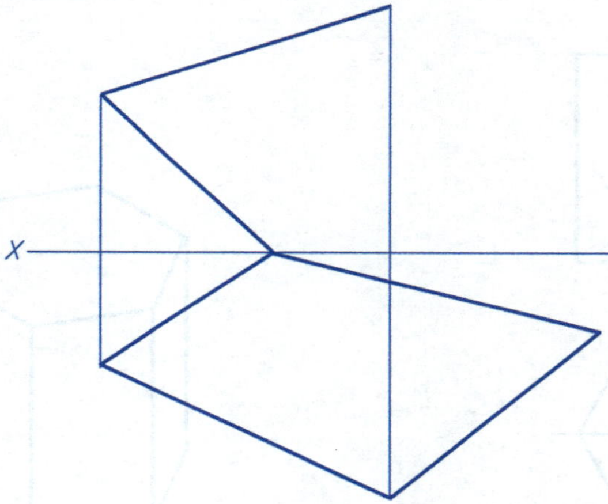

8. 已知△*ABC*在四棱锥的一侧面上，求作△*ABC*的另两面投影。

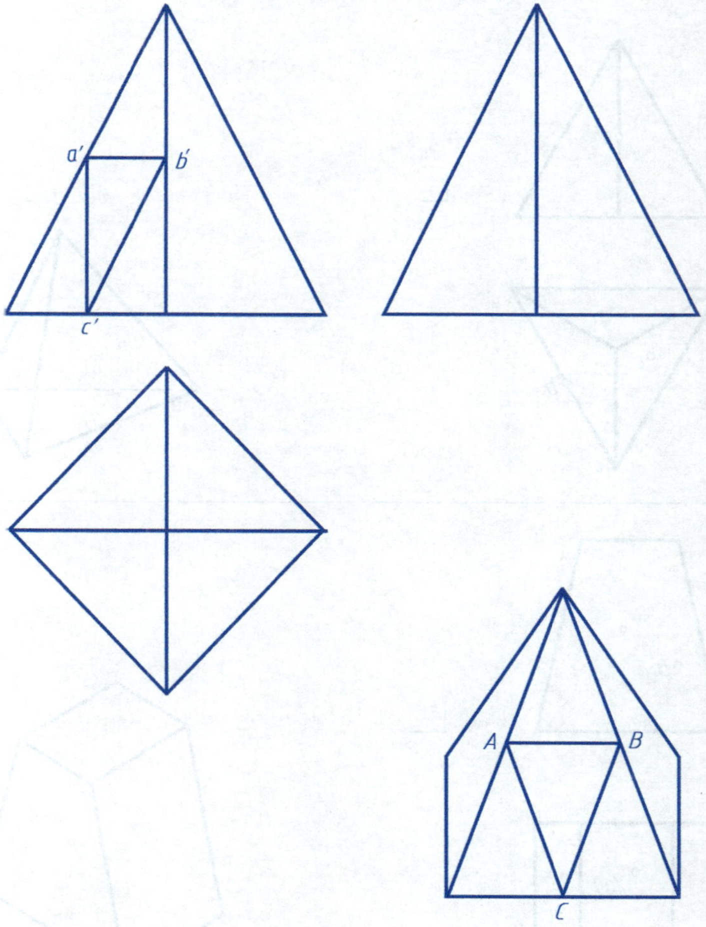

班级________ 姓名________ 学号________

2-7　常见形体的投影。

1. 求作下列平面体表面上点的三面投影。

1)

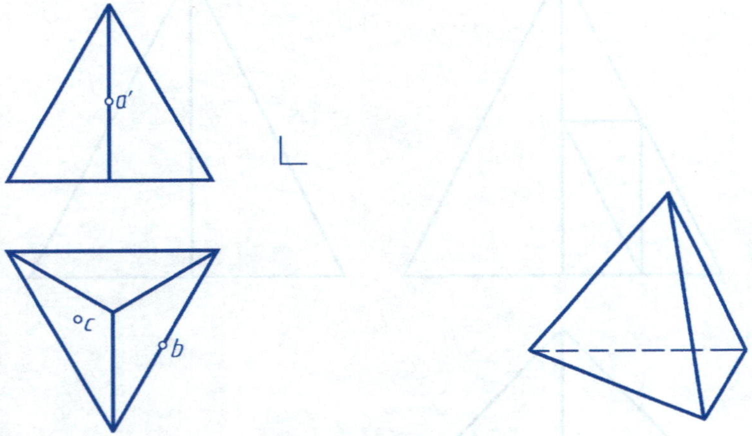

2)

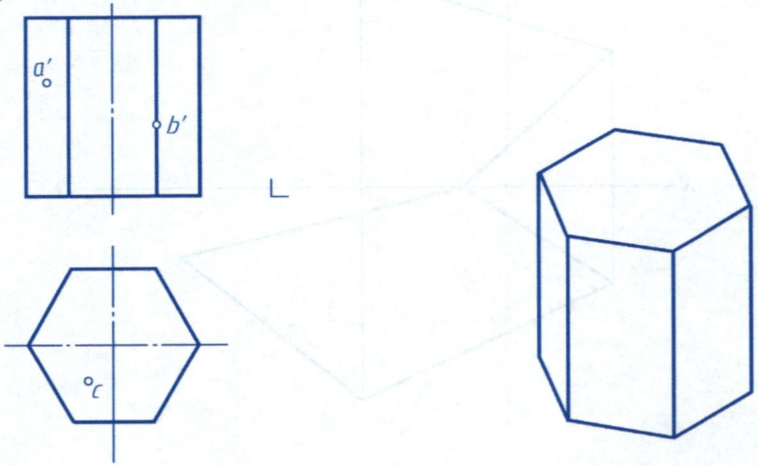

3)

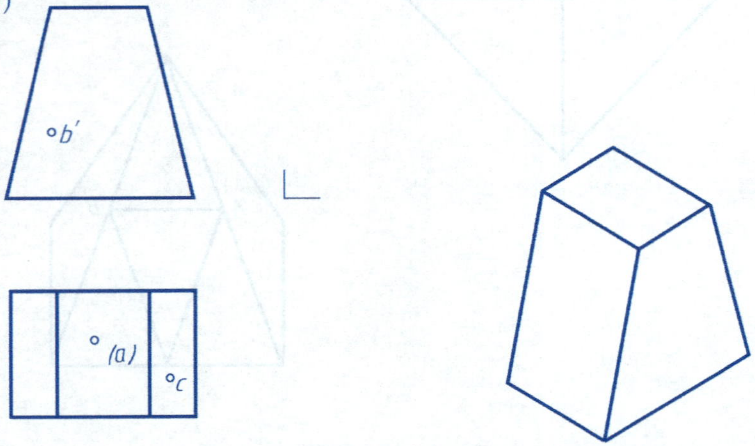

4)

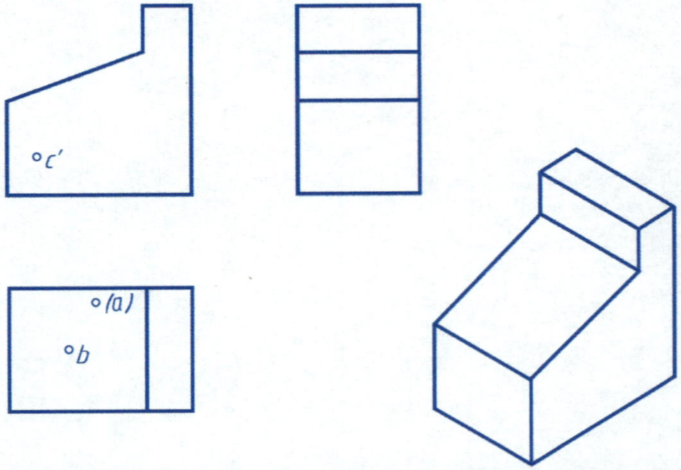

班级＿＿＿＿＿＿＿＿　　姓名＿＿＿＿＿＿＿＿　　学号＿＿＿＿＿＿＿＿

2-7 常见形体的投影（续）。

2. 求作下列回转体表面上点的三面投影。

1)

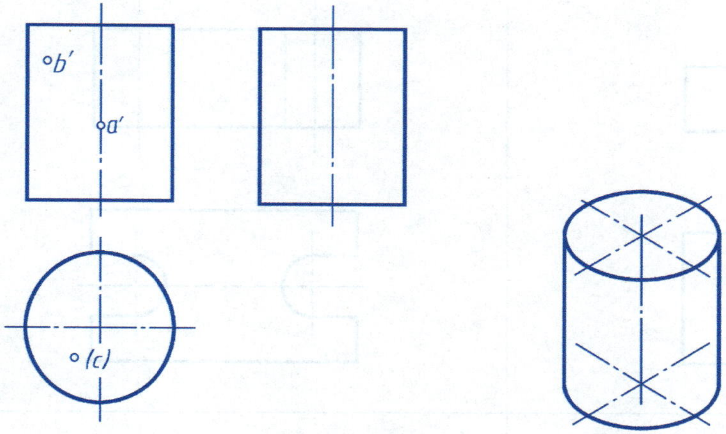

2)

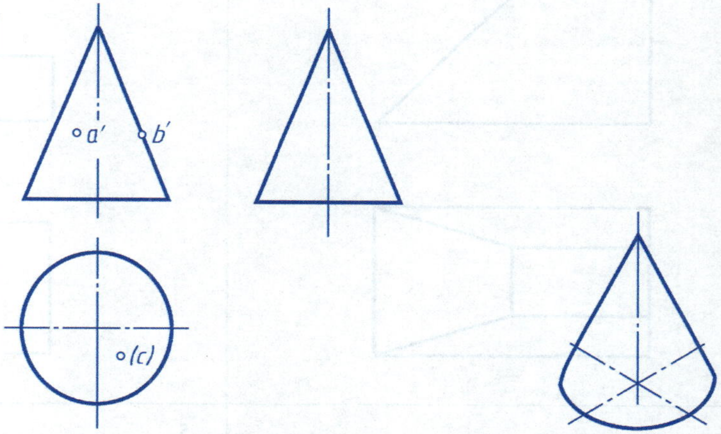

3)

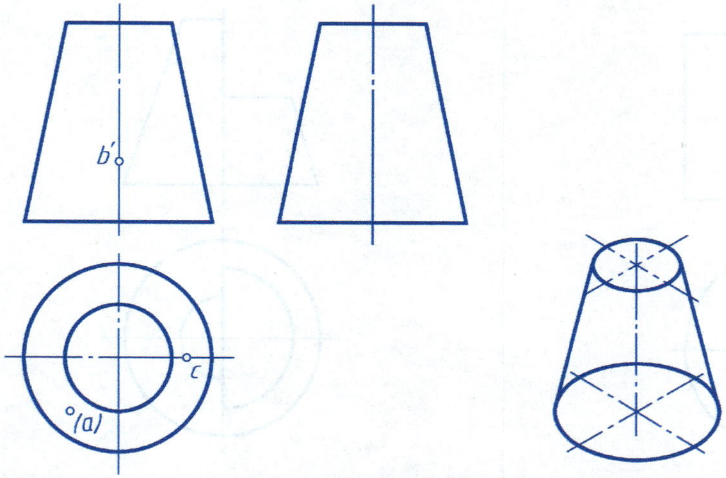

4)

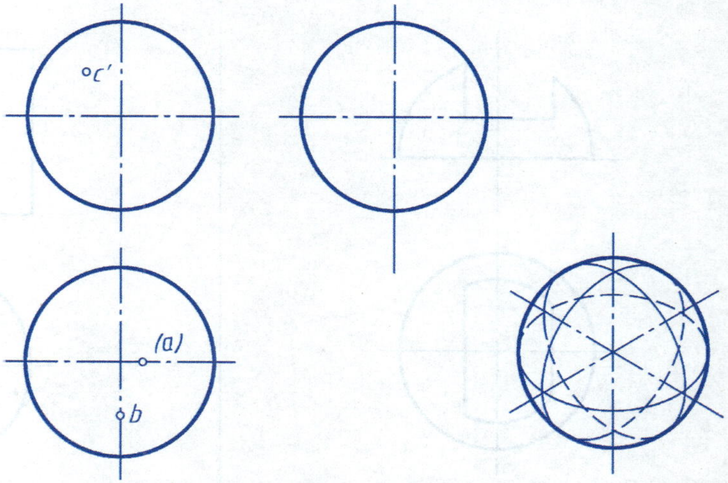

班级______________ 姓名______________ 学号______________

2-8 标注下列形体的尺寸（尺寸数值在图中量取整数）。

1.

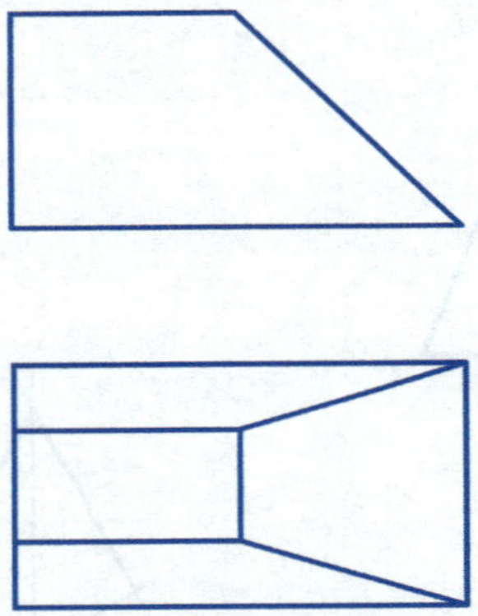

2.

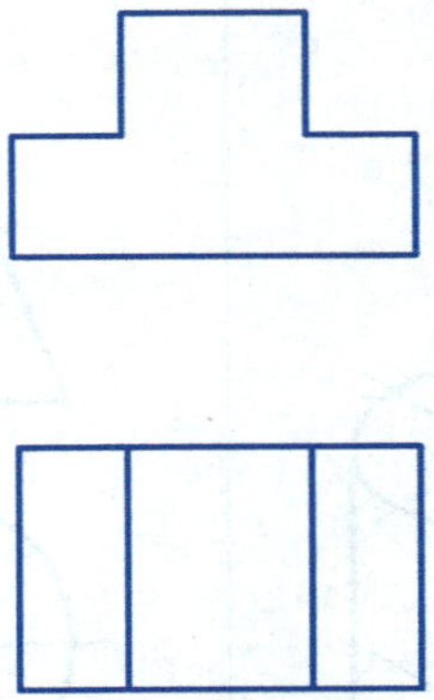

3.

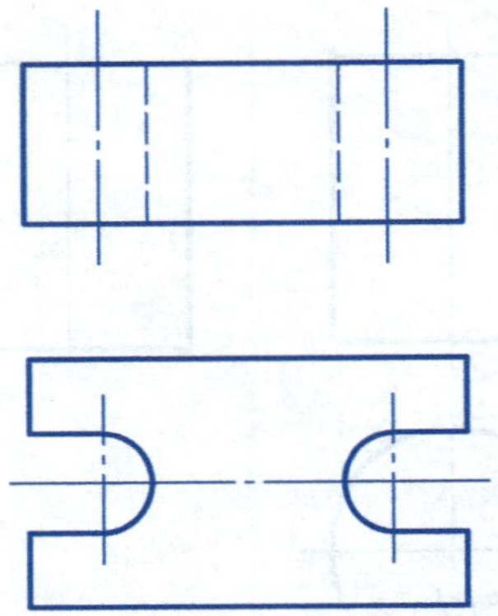

4.

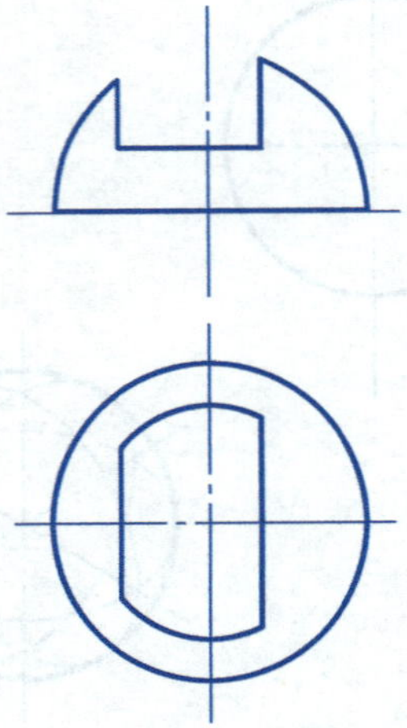

5.

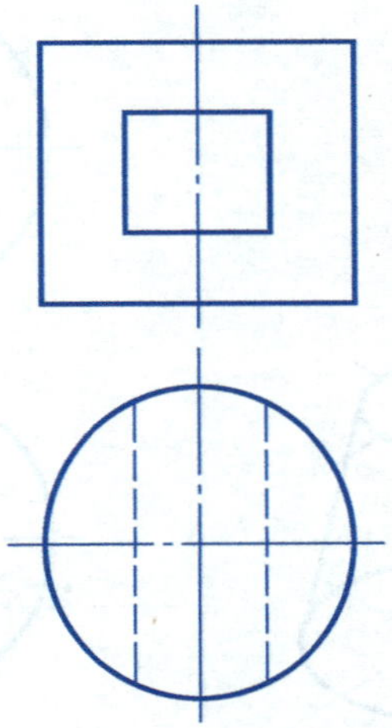

6.

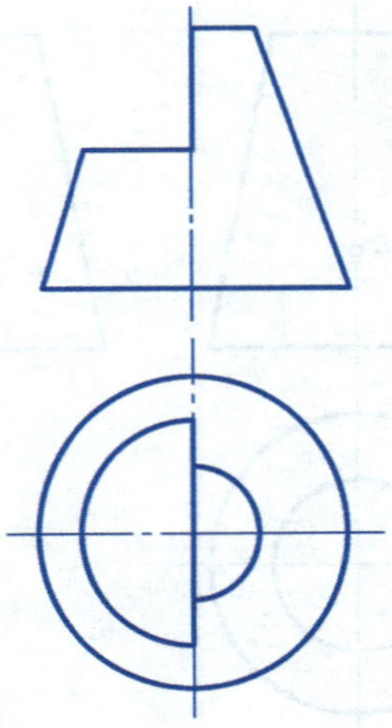

班级________ 姓名________ 学号________

2-9 根据立体的两面视图，补画第三面视图。

1.

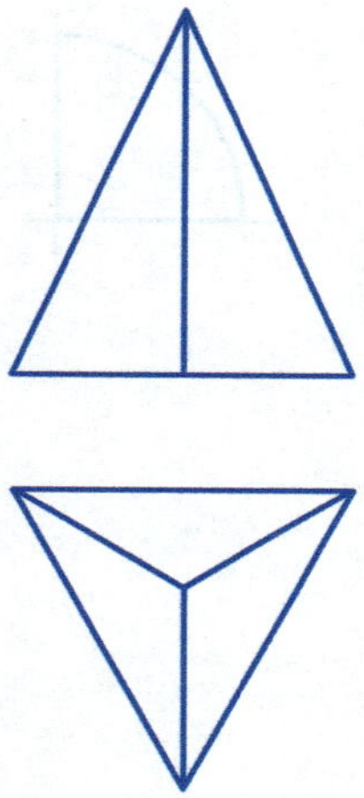

2.

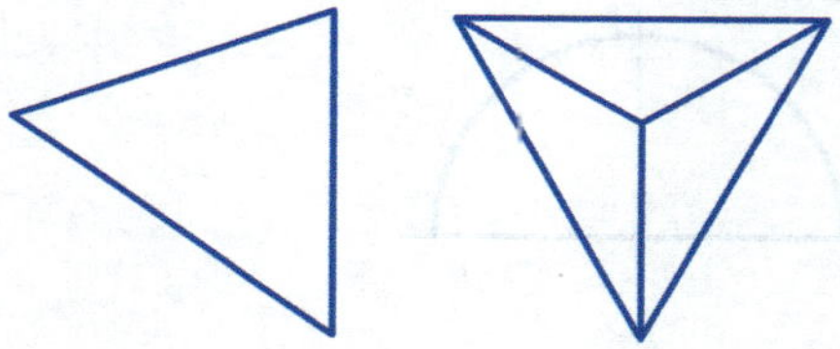

3.

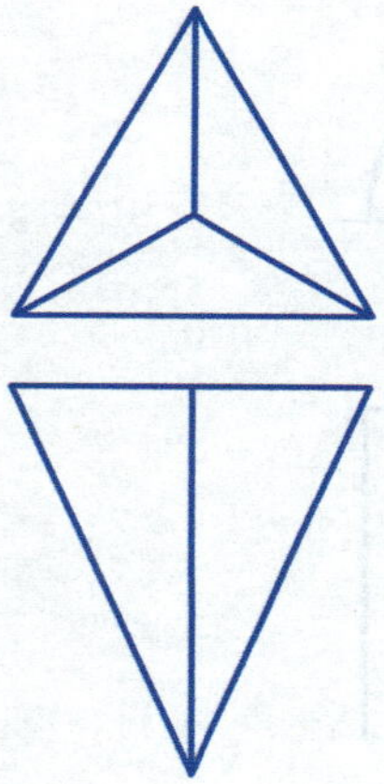

4.

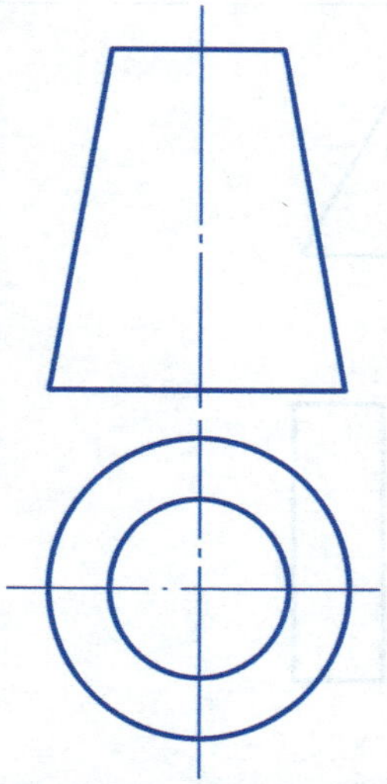

5.

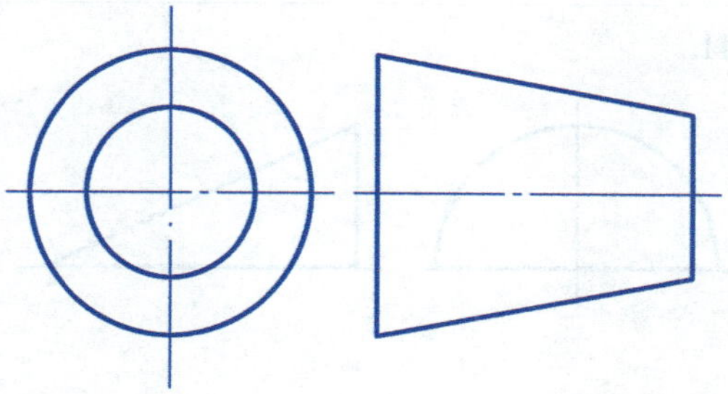

6.

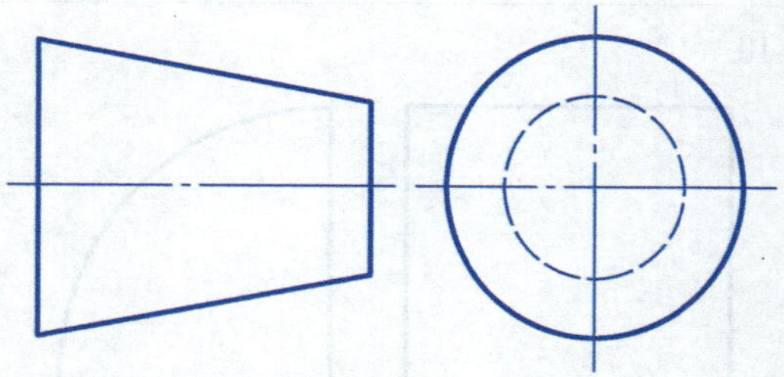

班级____________ 姓名____________ 学号____________

2-9 根据立体的两面视图，补画第三面视图（续）。

7.

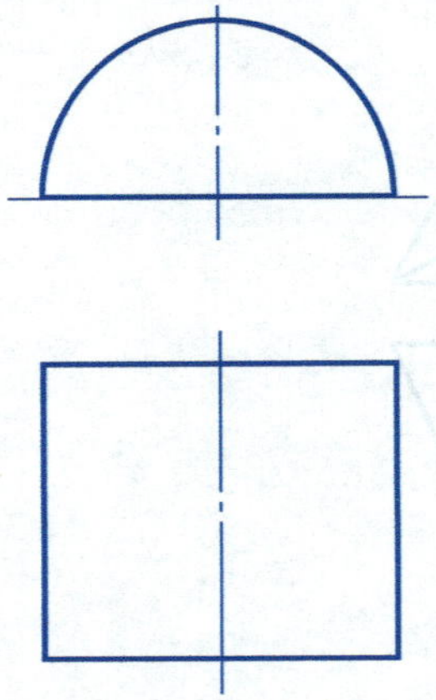

8.

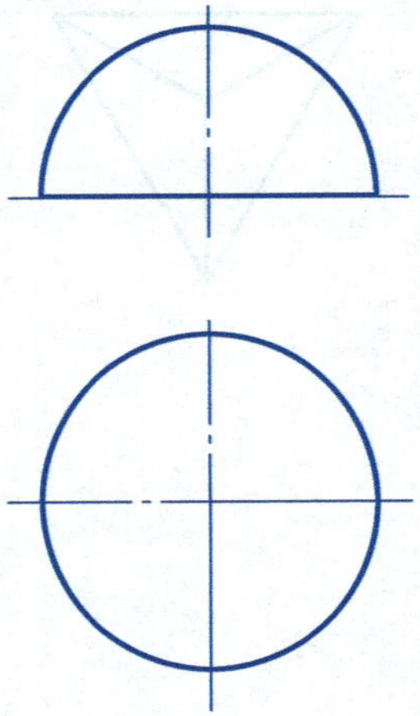

9.

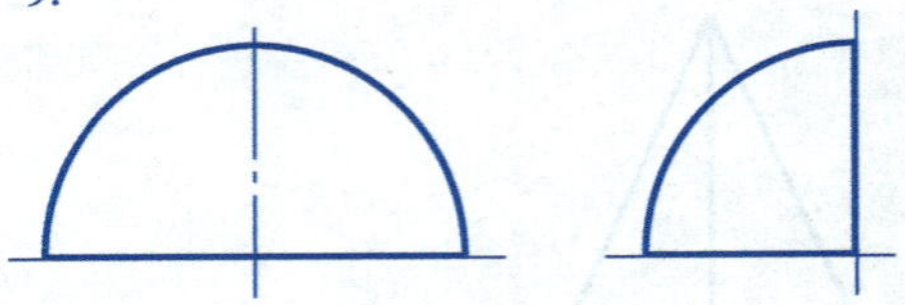

10.

11.

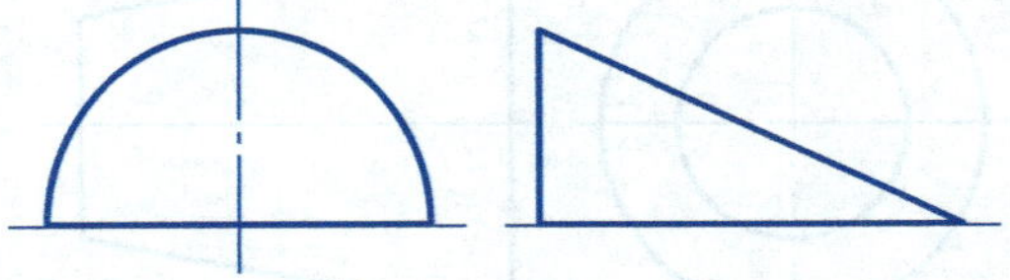

12.

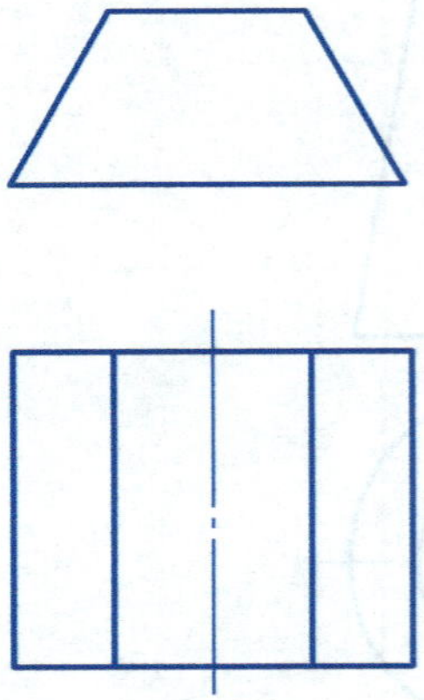

班级________ 姓名________ 学号________

2-10 根据俯视图，想象出立体的形状，然后补画主、左视图。

1.

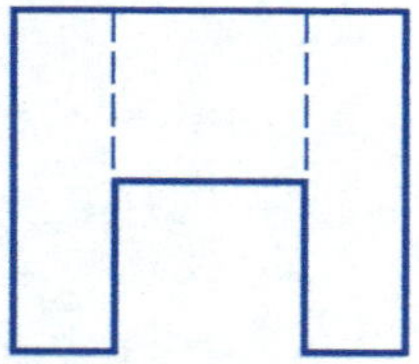

2.

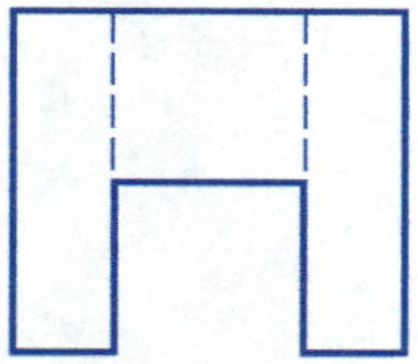

3.

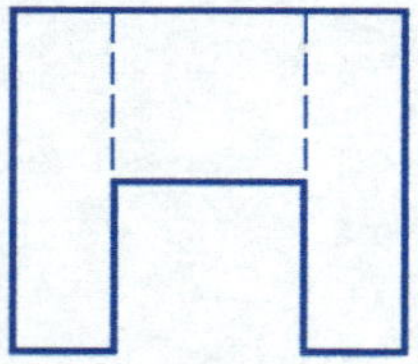

4.

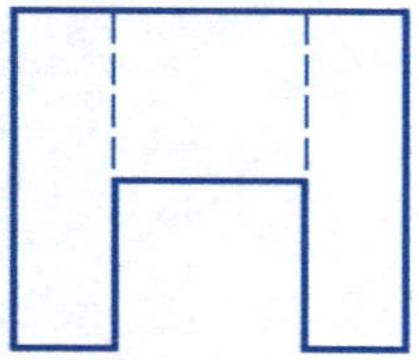

5.

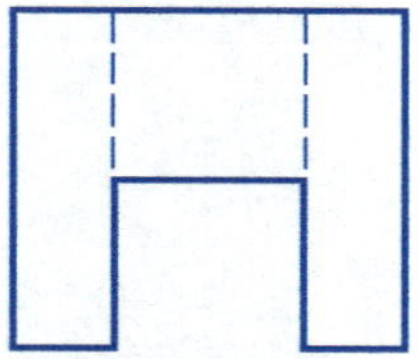

6.

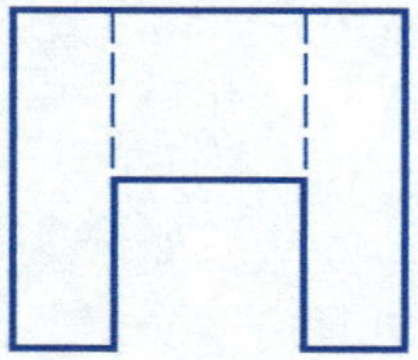

班级________ 姓名________ 学号________

2-11 已知两面视图，补画第三面视图。

1.

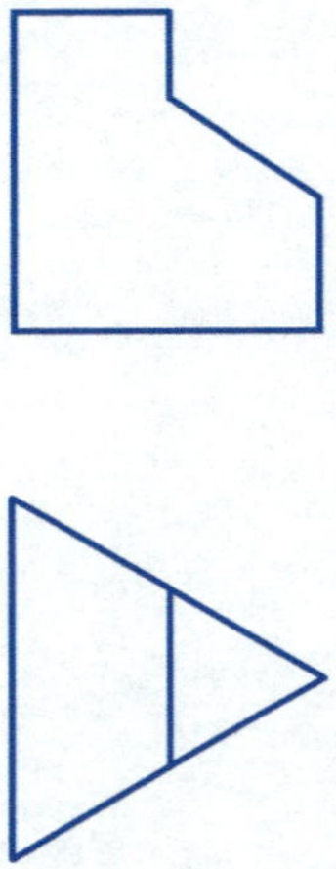

2.

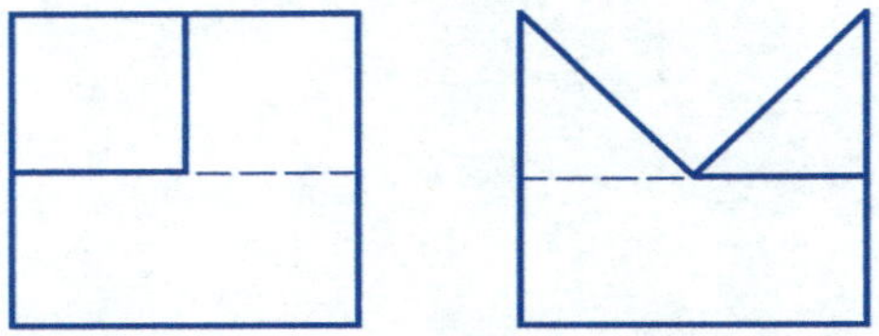

3.

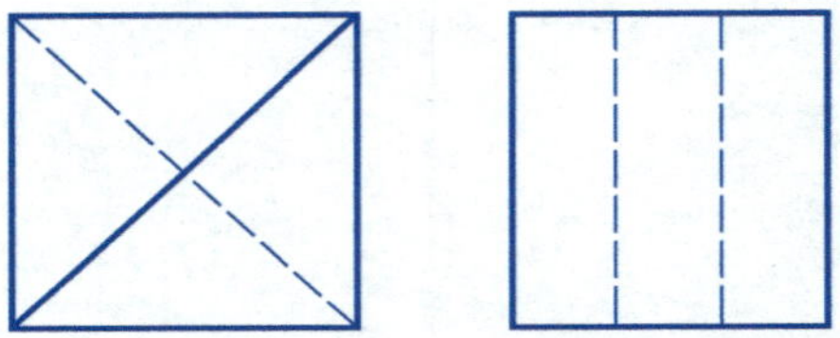

4.

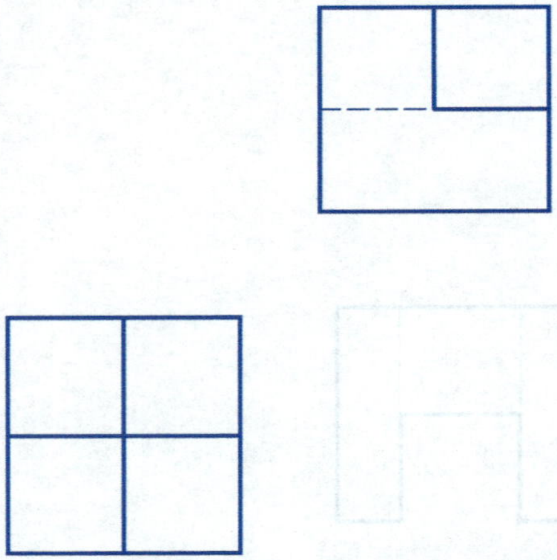

5.

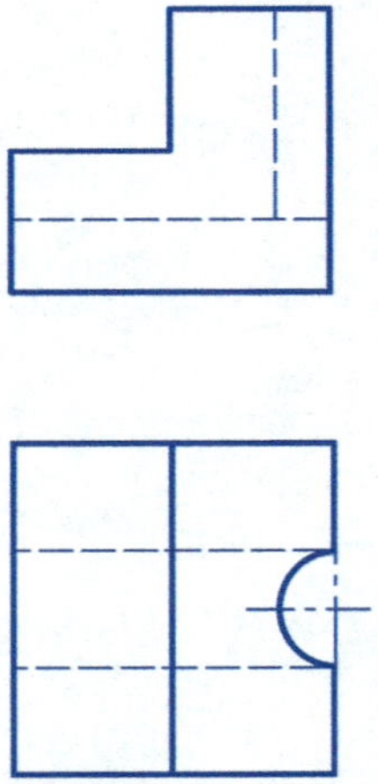

6.

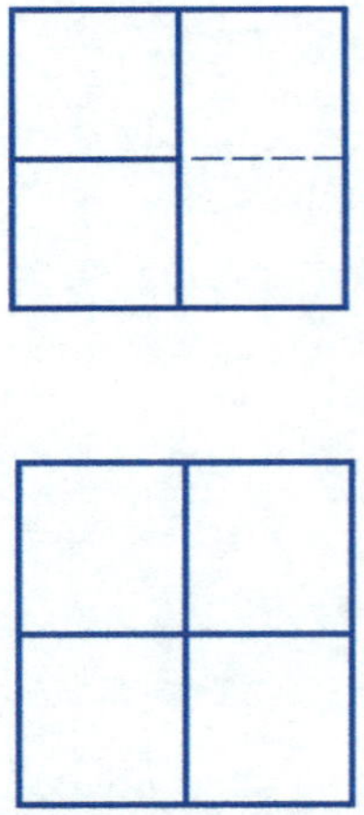

班级____________ 姓名____________ 学号____________

2-12 根据立体的两面视图，补画第三面视图。

1.

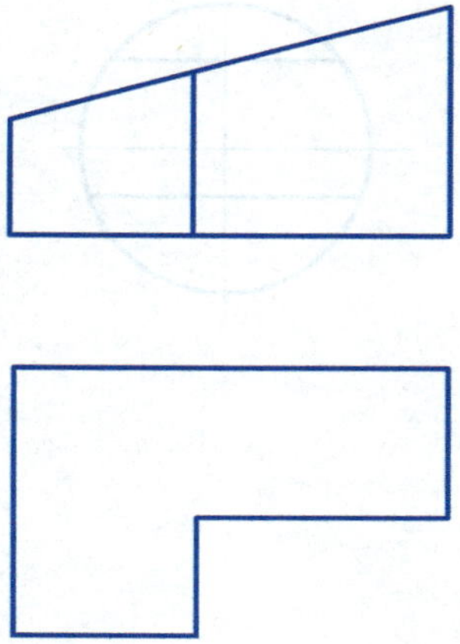

2.

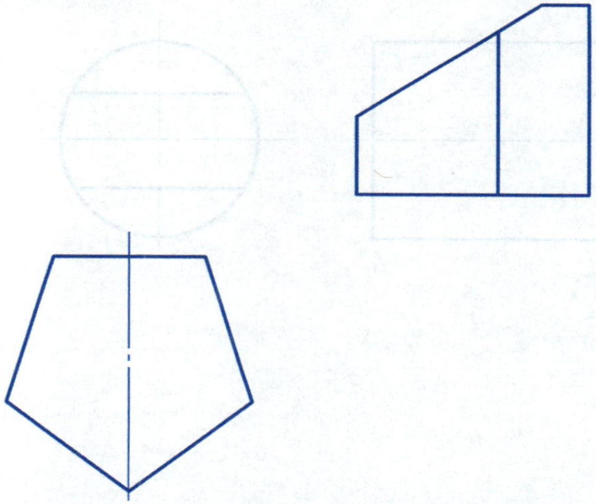

3.

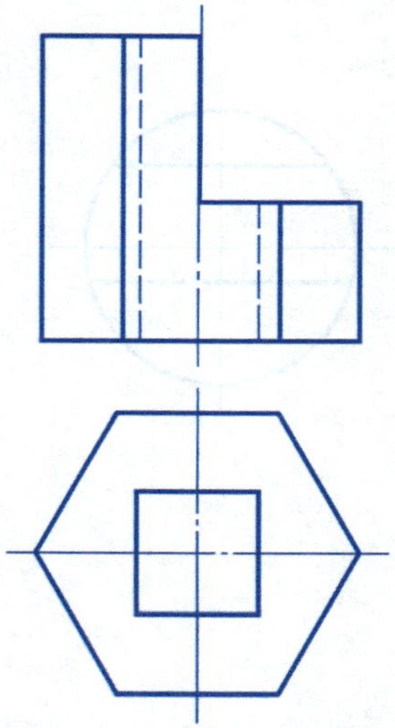

4.

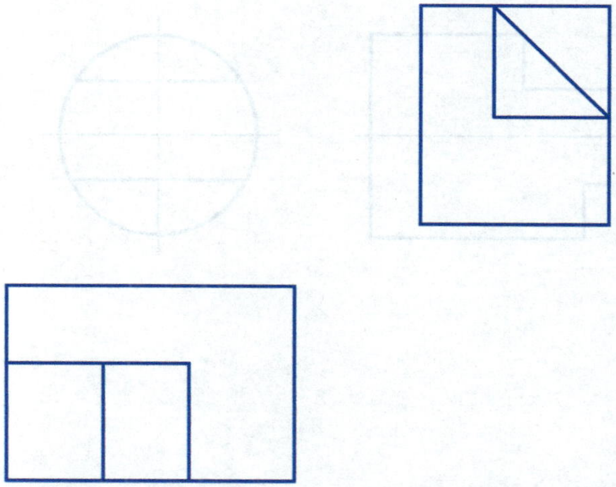

班级__________ 姓名__________ 学号__________

2－12 根据立体的两面视图，补画第三面视图（续）。

5.

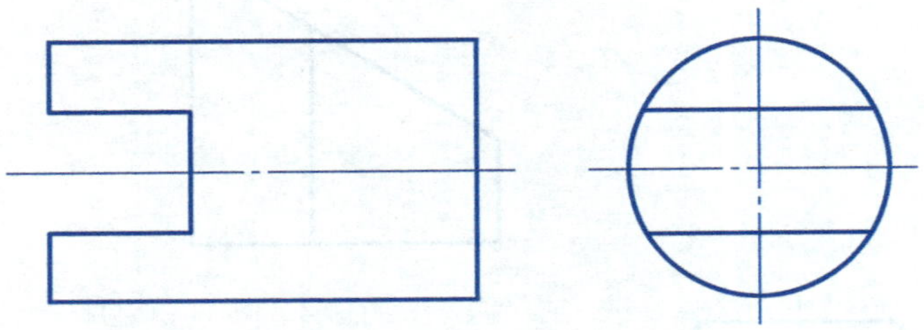

6.

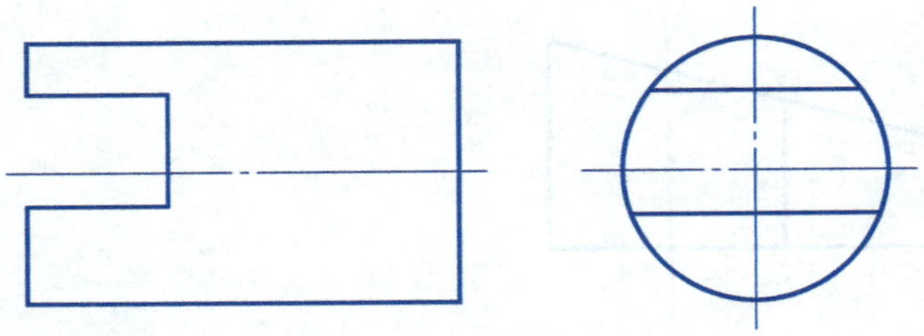

7.

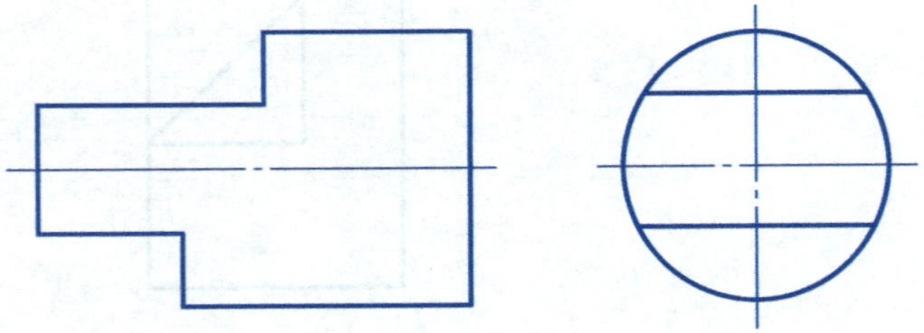

8.

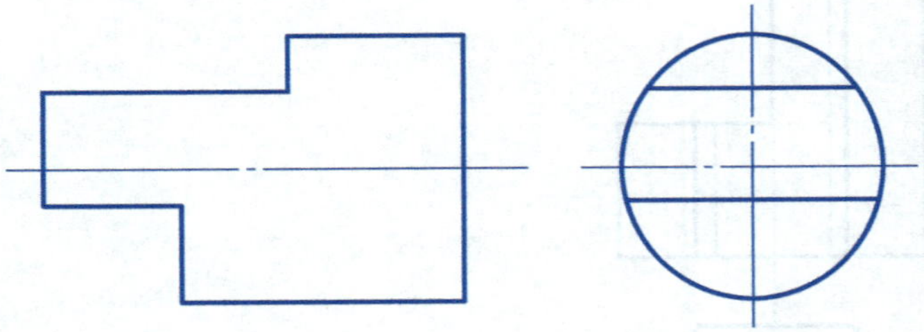

班级________________ 姓名________________ 学号________________

2－12　根据立体的两面视图，补画第三面视图（续）。

9.

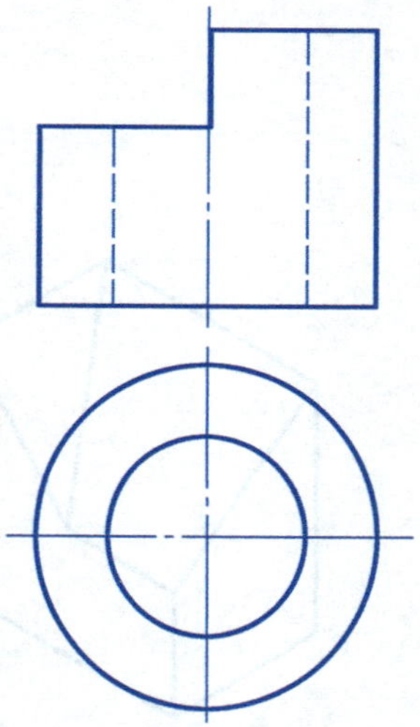

10.

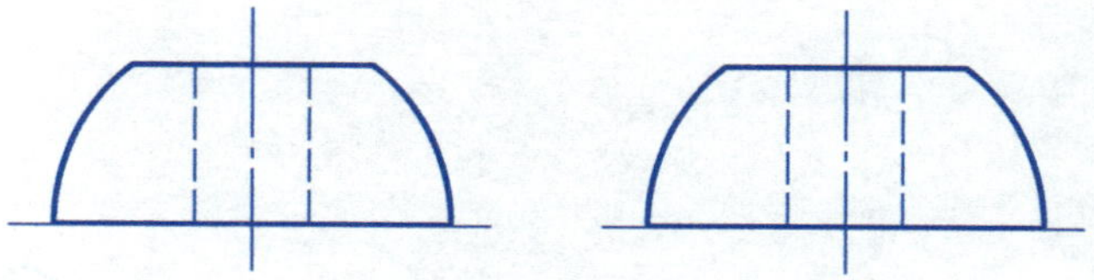

11.

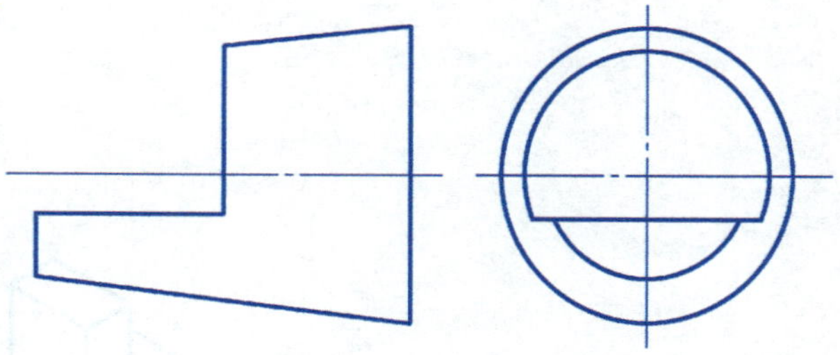

12.

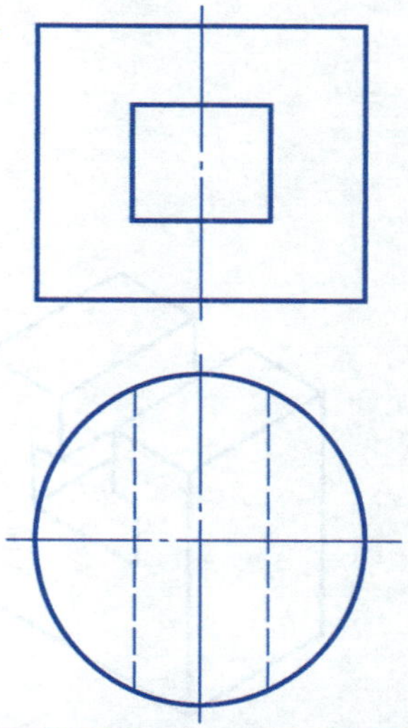

班级________________　　姓名________________　　学号________________

2-13 根据立体图，画三视图。

1.

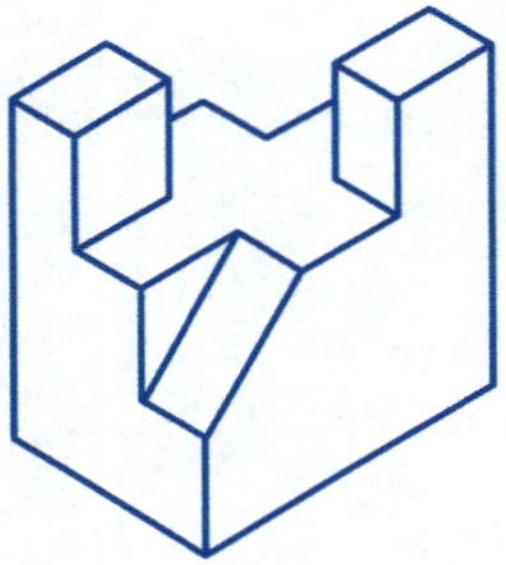

2.

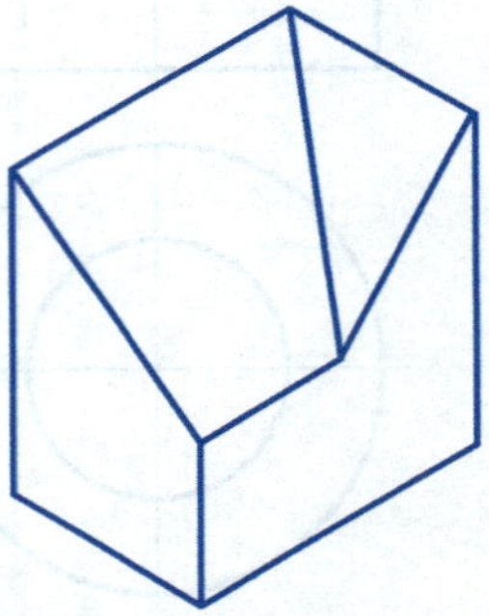

3.

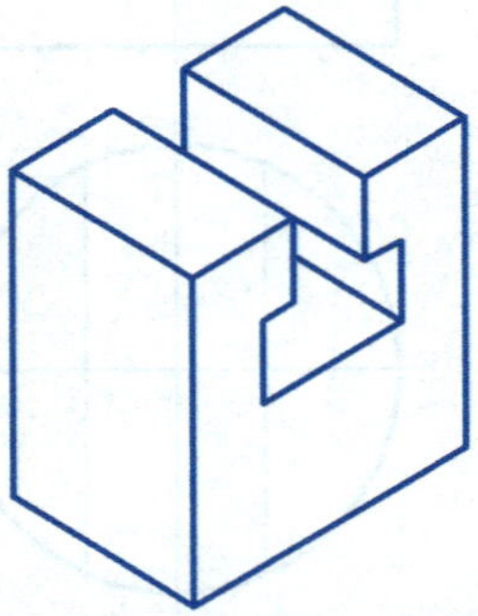

4.

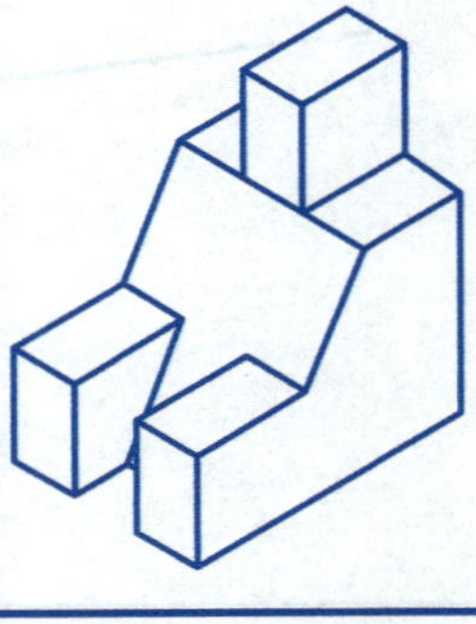

班级________ 姓名________ 学号________

2-13 根据立体图，画三视图（续）。

5.

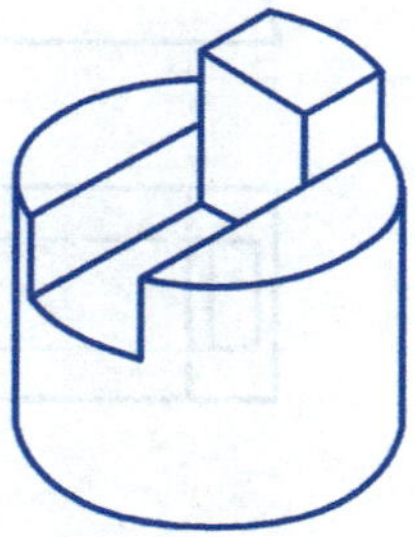

6.

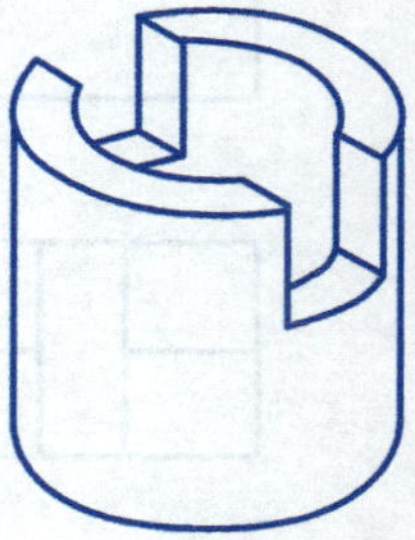

7.

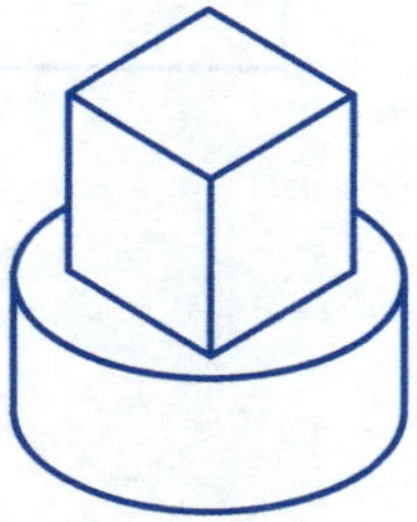

8.

班级________ 姓名________ 学号________

第三章　组合体的视图及识读

3-1　根据轴测图，补画第三面视图。

1.

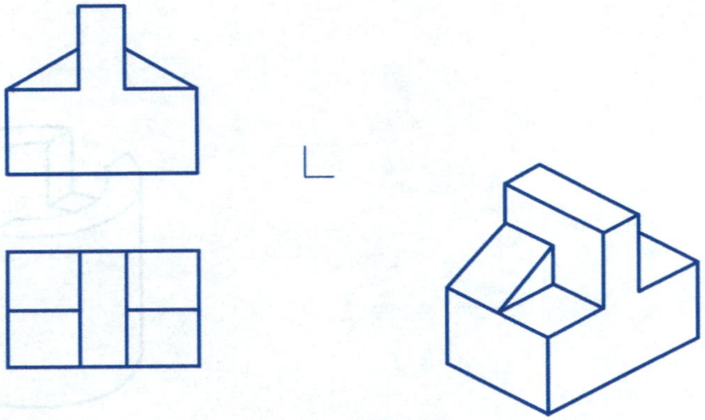

2.

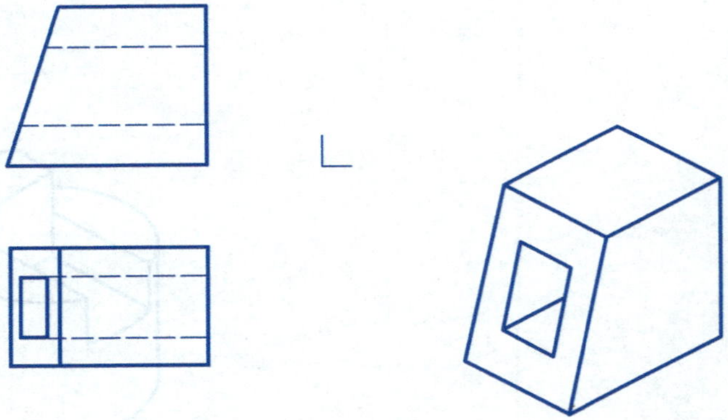

3.

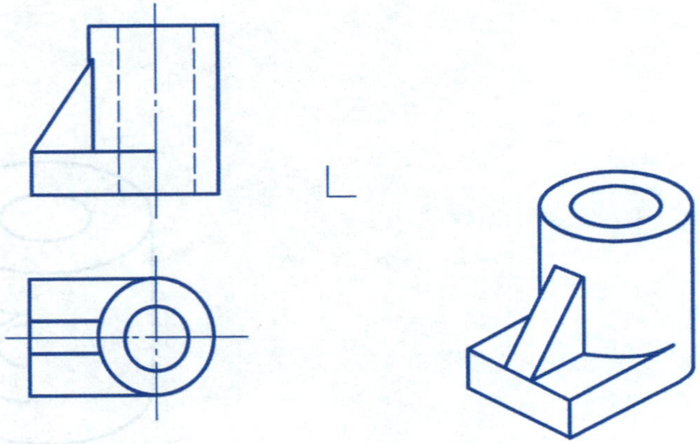

4.

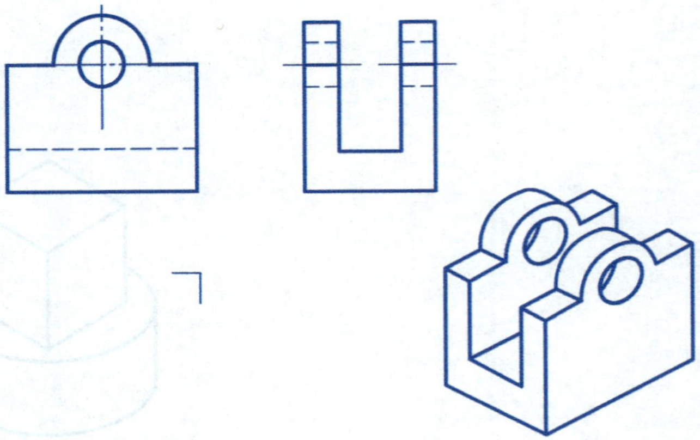

班级__________　　姓名__________　　学号__________

3-1 根据轴测图，补画第三面视图（续）。

5.

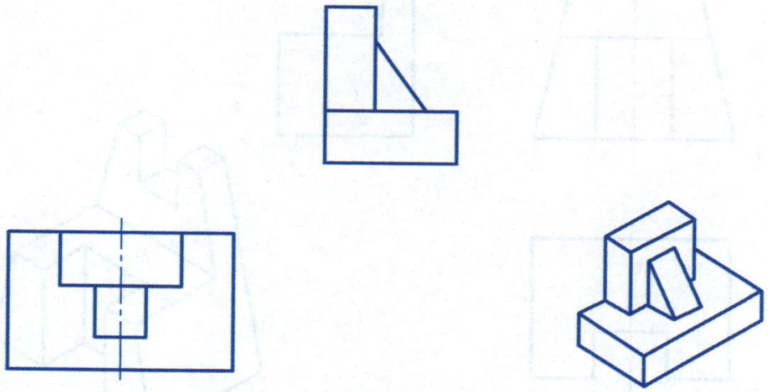

6.

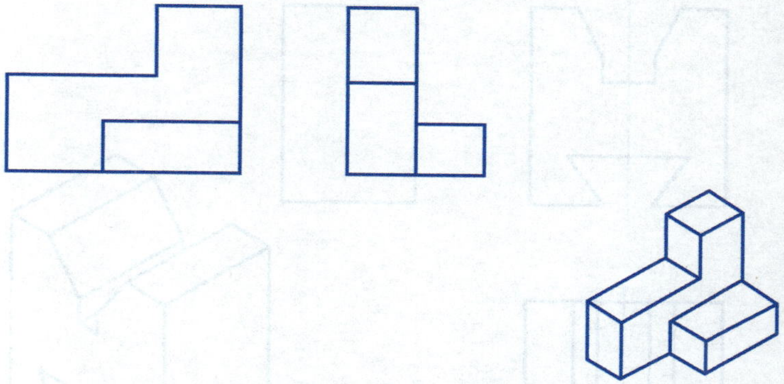

7.

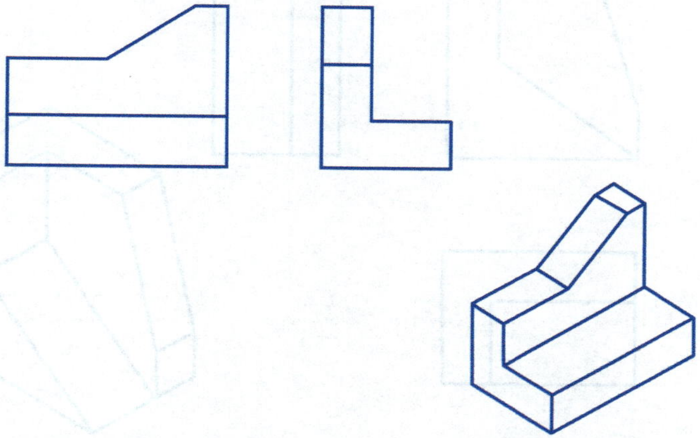

8.

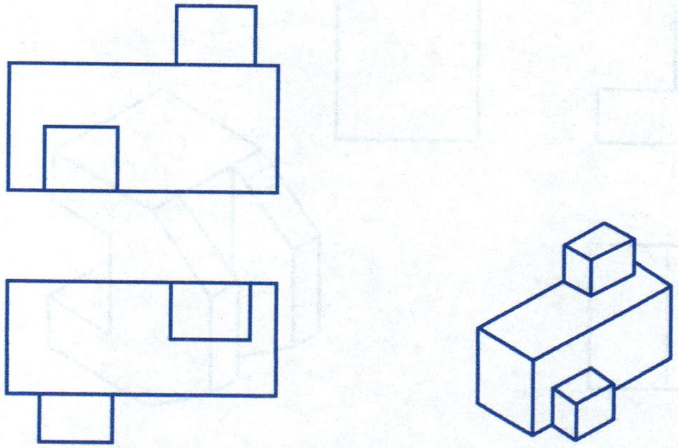

班级________ 姓名________ 学号________

3-2 看懂下列三视图，补画视图中所缺的图线。

1.

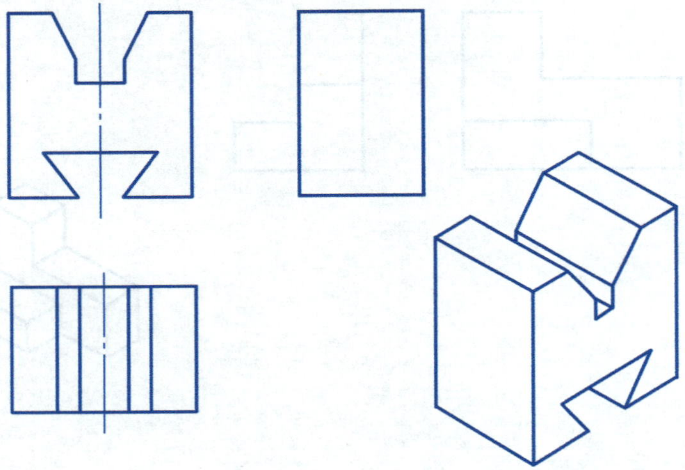

2.

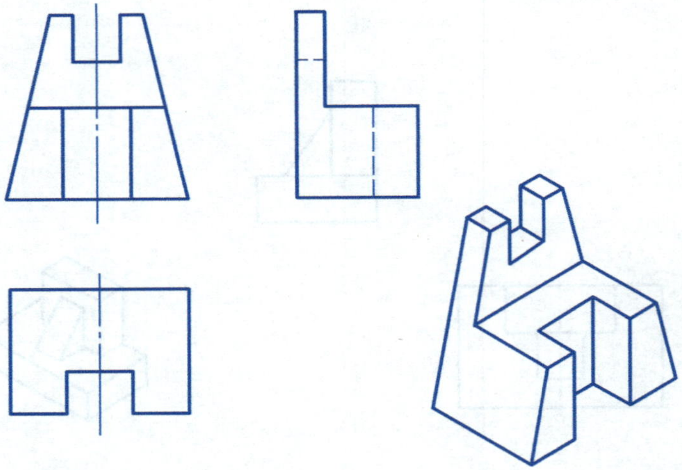

3.

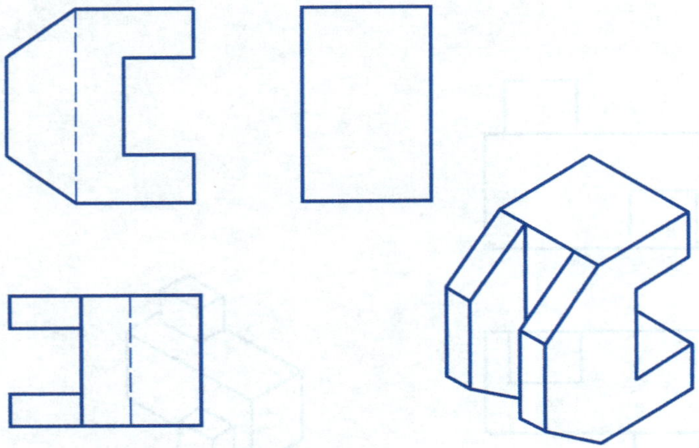

4.

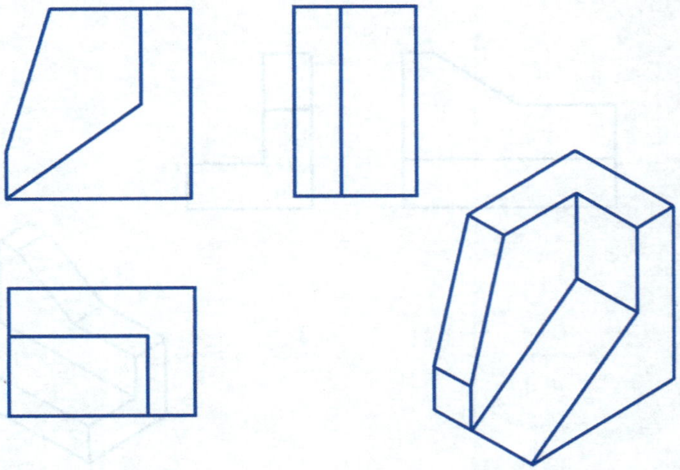

班级________ 姓名________ 学号________

3-2 看懂下列三视图，补画视图中所缺的图线（续）。

5.

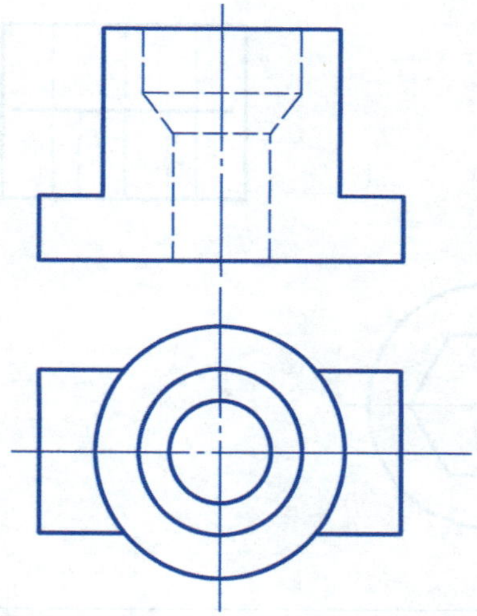

6.

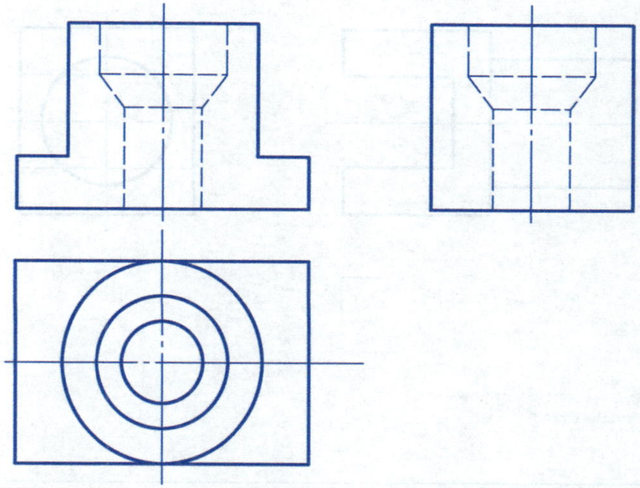

7.

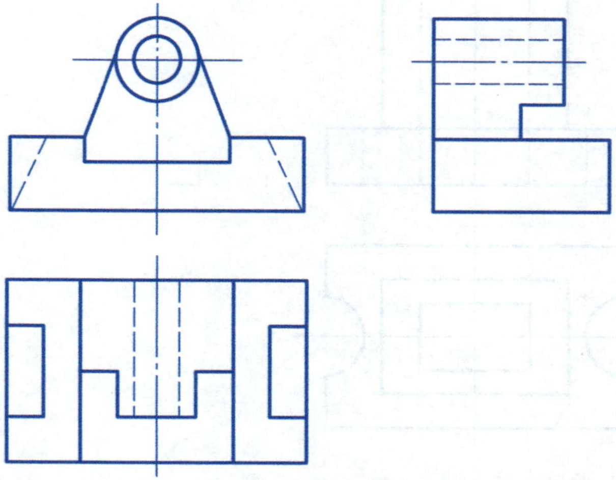

8.

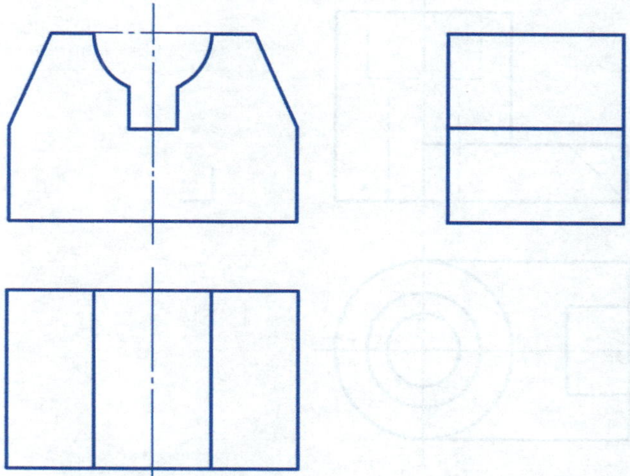

班级________________ 姓名________________ 学号________________

3-3　看懂下列视图，补画第三面视图。

1.

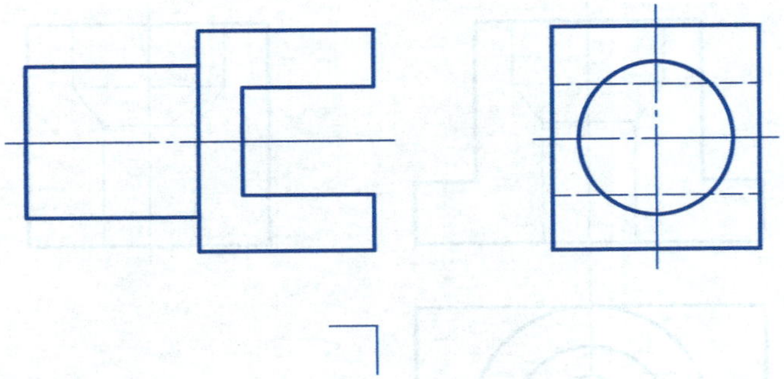

2.

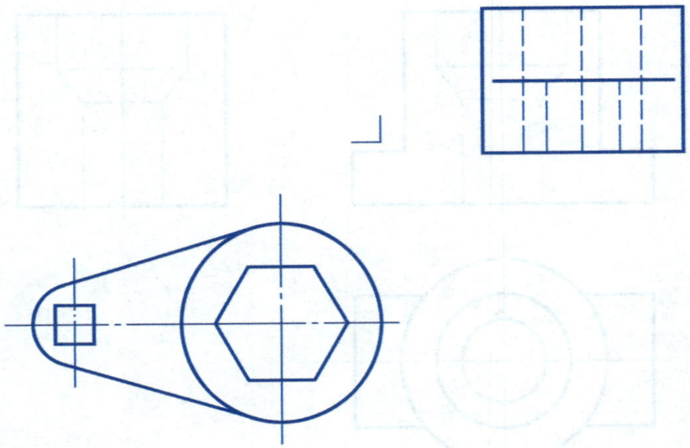

3.

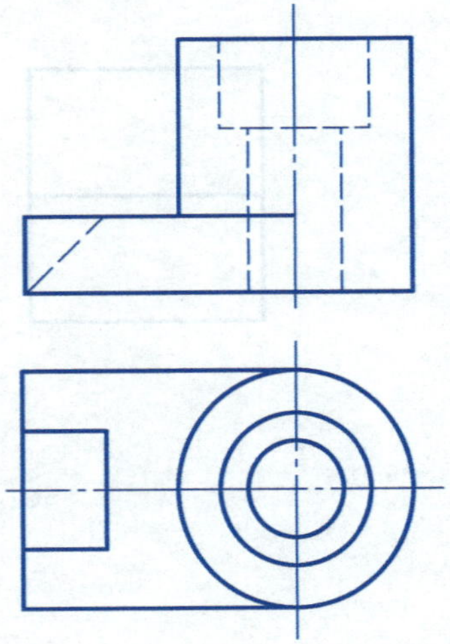

4.

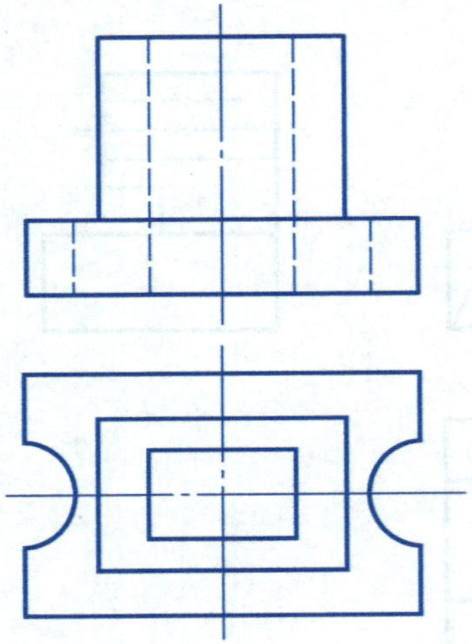

班级＿＿＿＿＿＿＿＿　姓名＿＿＿＿＿＿＿＿　学号＿＿＿＿＿＿＿＿

3-4 根据俯视图，想出组合体的形状，补画主、左视图。

1.

2.

3.

4.

班级__________ 姓名__________ 学号__________

3-5 根据主视图，想出组合体的形状，补画俯、左视图。

1.

2.

3.

4.

3-6 看懂下列三视图，补画相贯线的投影。

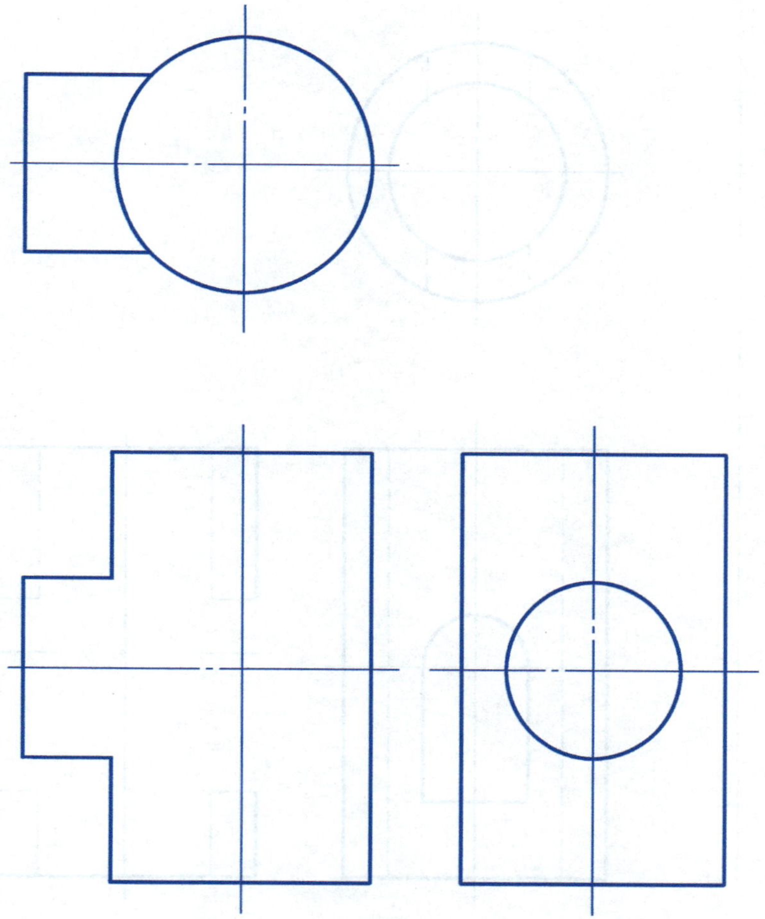

1.

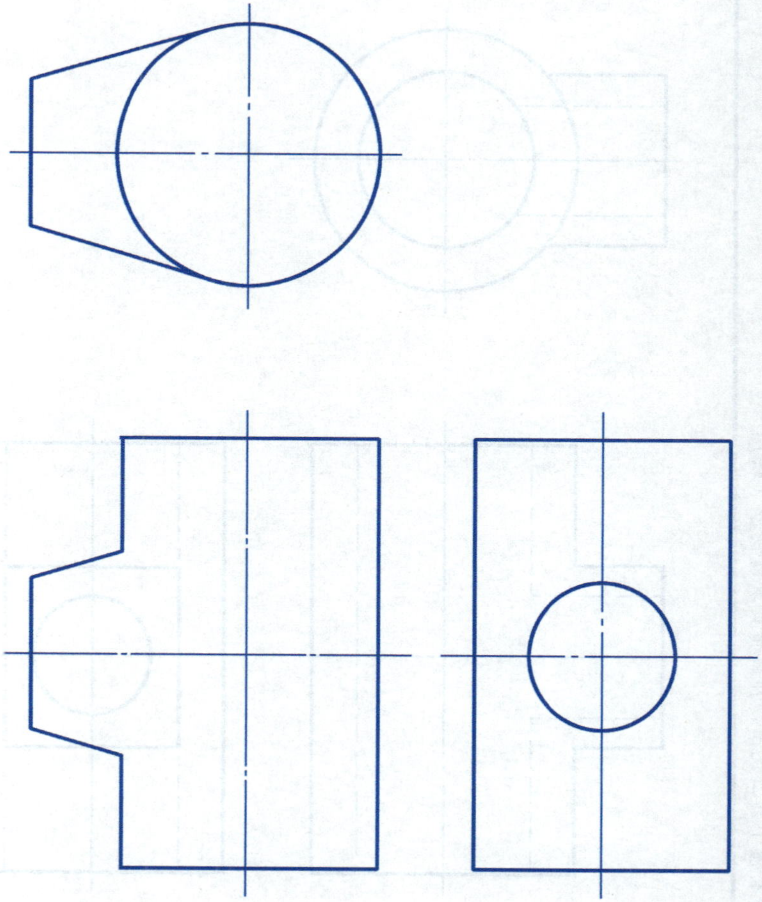

2.

班级________ 姓名________ 学号________

3-6 看懂下列三视图，补画相贯线的投影（续）。

3.

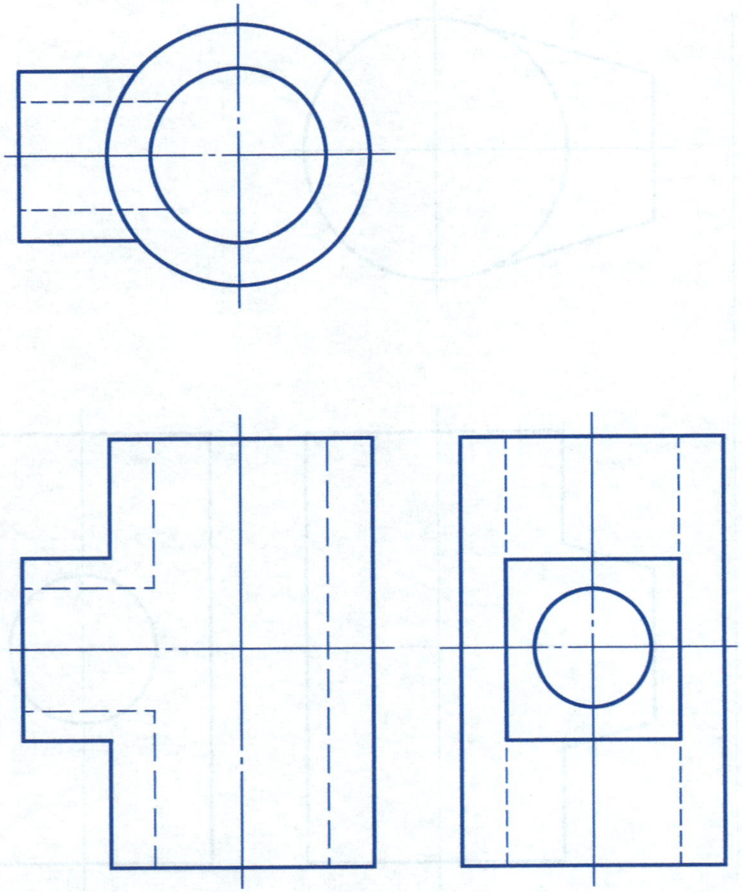

4.

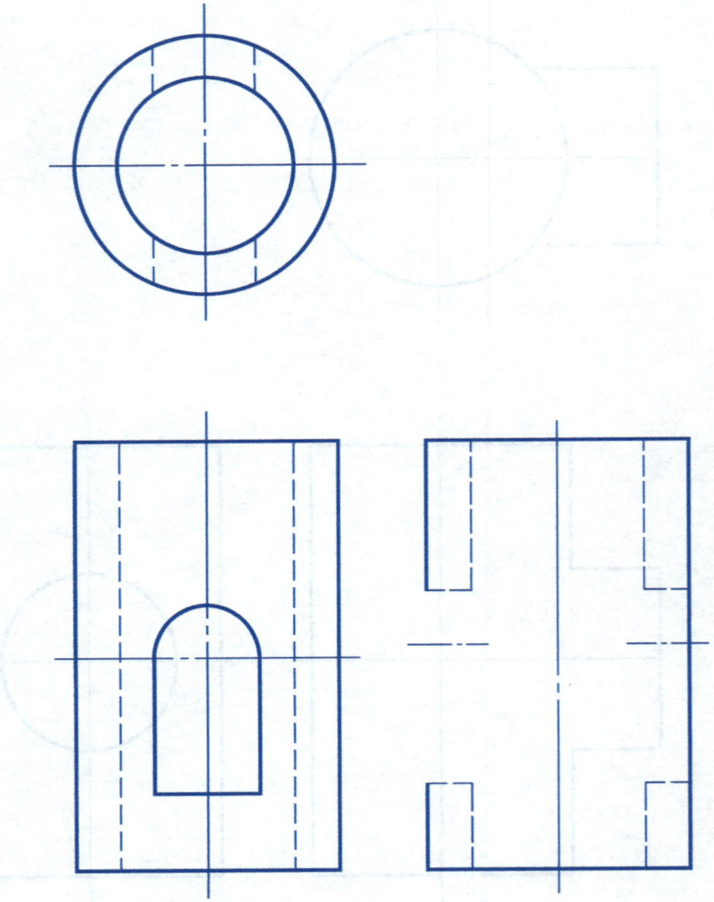

班级＿＿＿＿＿＿＿＿ 姓名＿＿＿＿＿＿＿＿ 学号＿＿＿＿＿＿＿＿

3-6 看懂下列三视图，补画相贯线的投影（续）。

5.

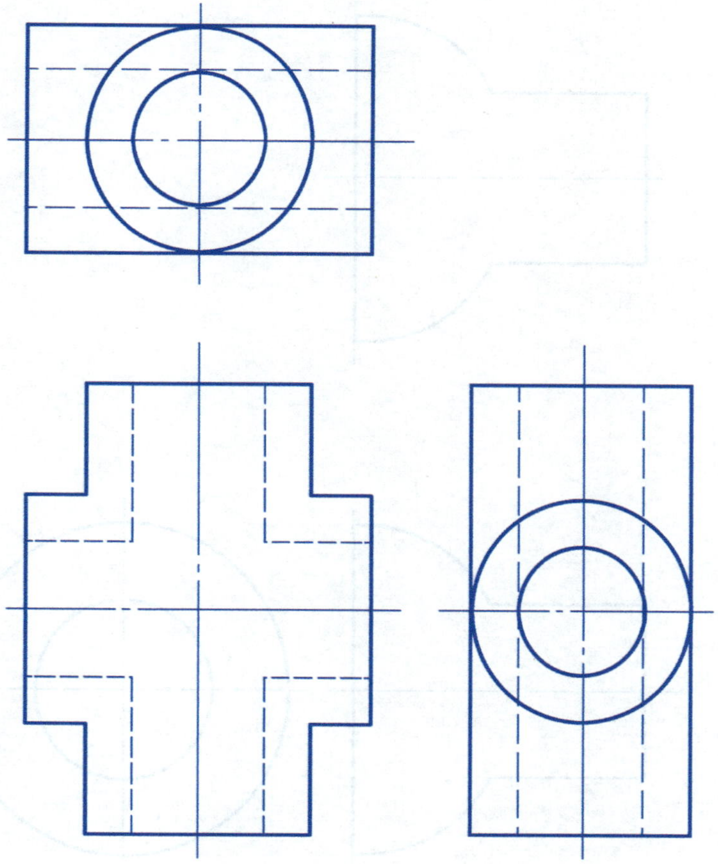

6.

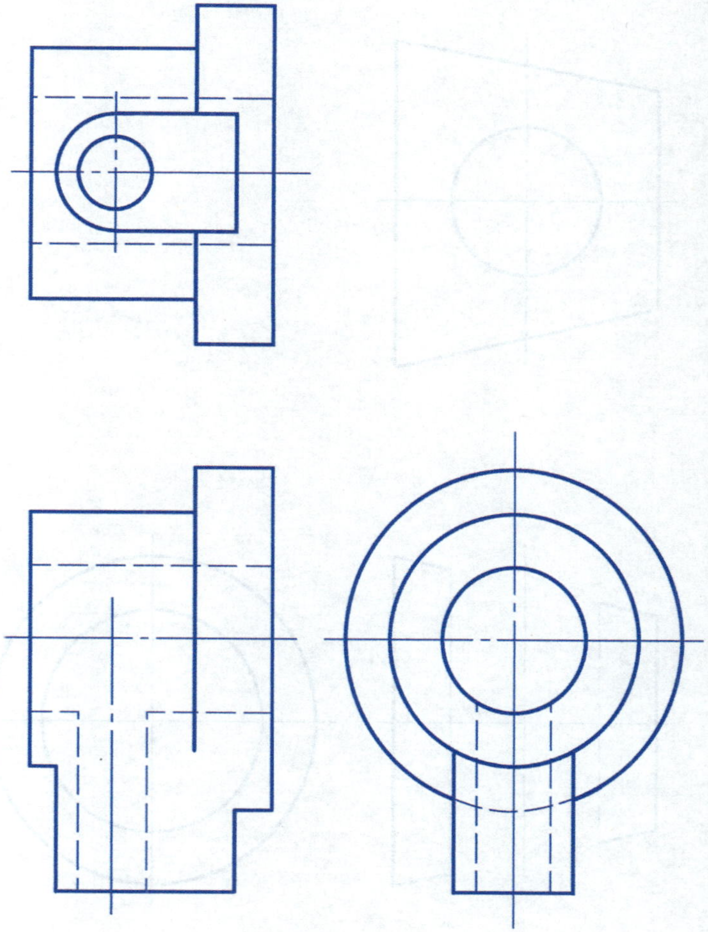

班级____________ 姓名____________ 学号____________

3－6 看懂下列三视图，补画相贯线的投影（续）。

7.

8.

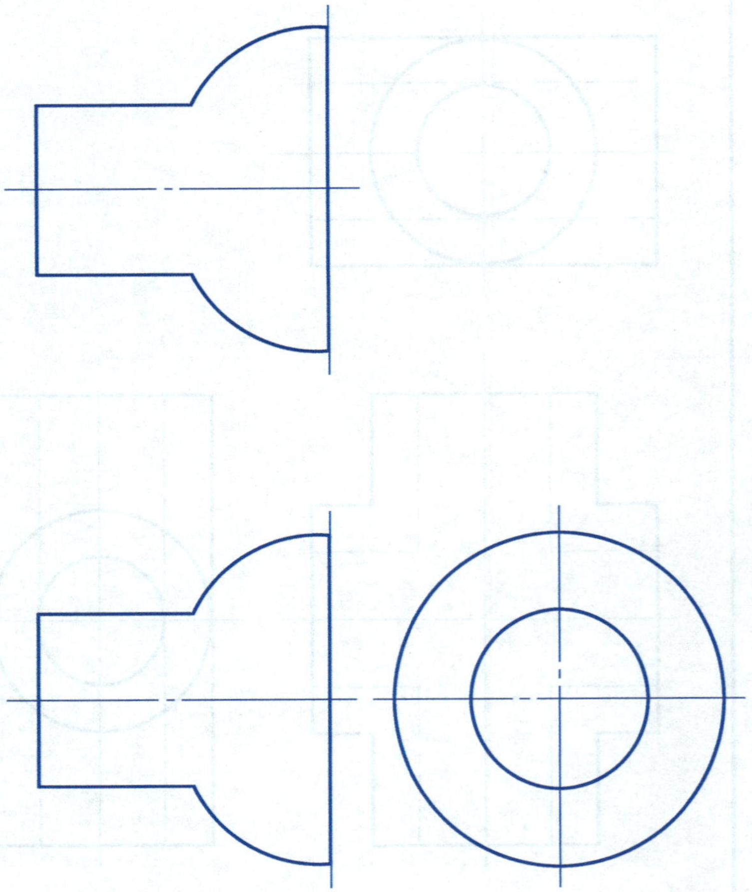

班级＿＿＿＿＿＿ 姓名＿＿＿＿＿＿ 学号＿＿＿＿＿＿

3-7 标注组合体的尺寸（尺寸数值按1:1从图中量取整数）。

1.

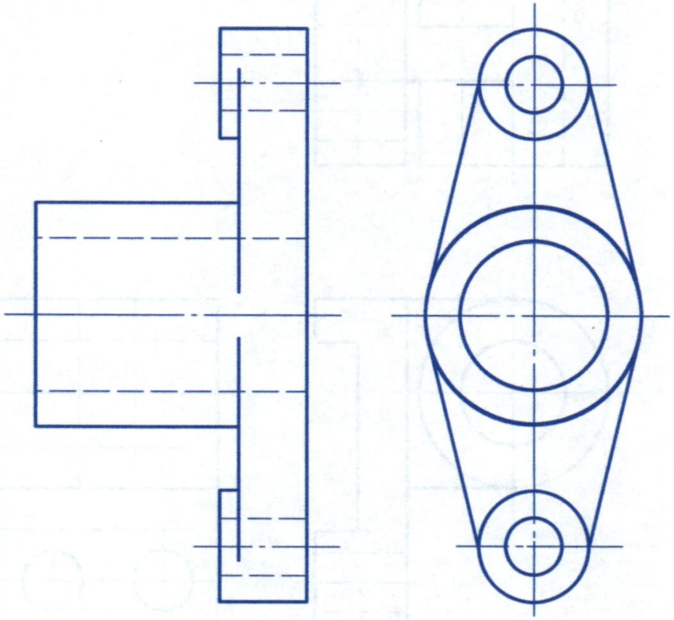

2.

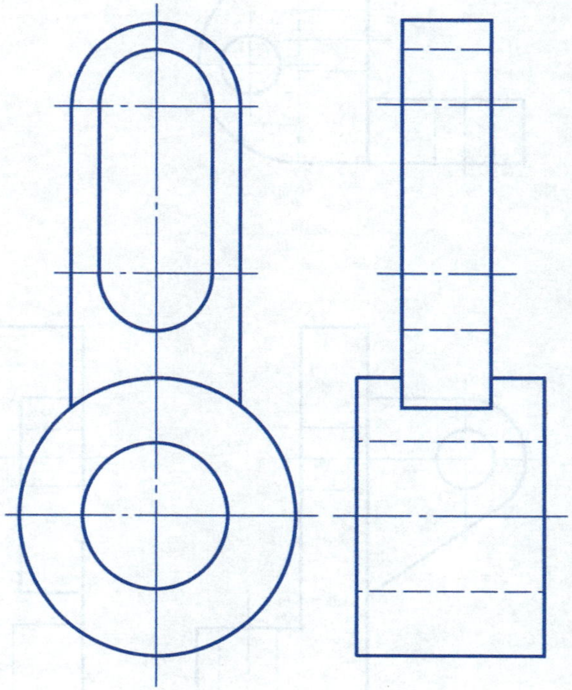

班级＿＿＿＿＿＿＿＿ 姓名＿＿＿＿＿＿＿＿ 学号＿＿＿＿＿＿＿＿

3－7 标注组合体的尺寸（尺寸数值按 1:1 从图中量取整数）（续）。

3.

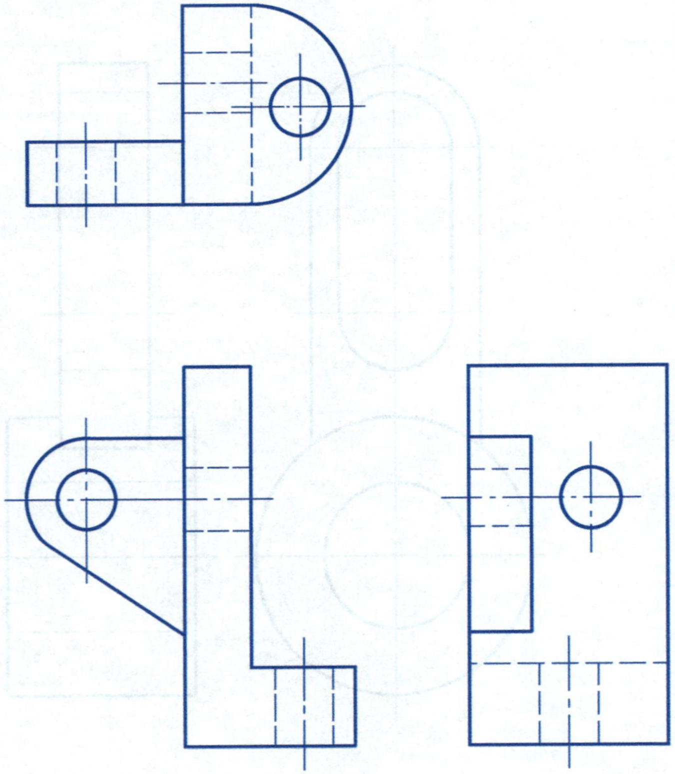

4.

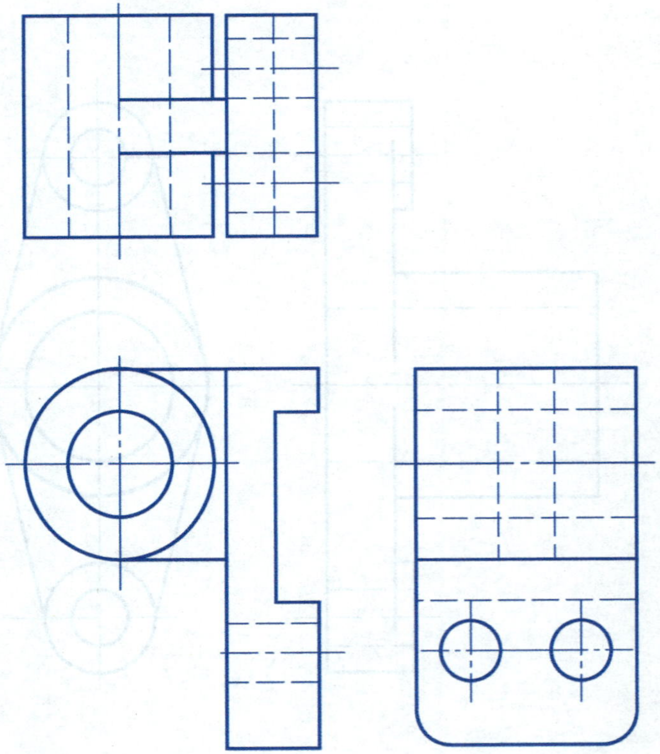

班级＿＿＿＿＿＿＿＿ 姓名＿＿＿＿＿＿＿＿ 学号＿＿＿＿＿＿＿＿

3-8 看懂下列三视图，补画视图所缺的图线。

1.

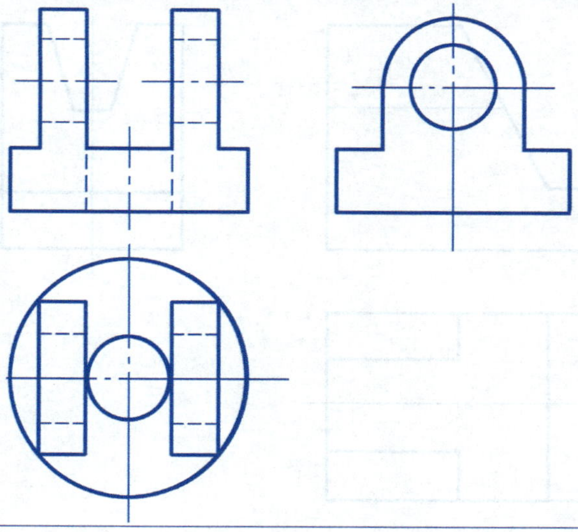

2.

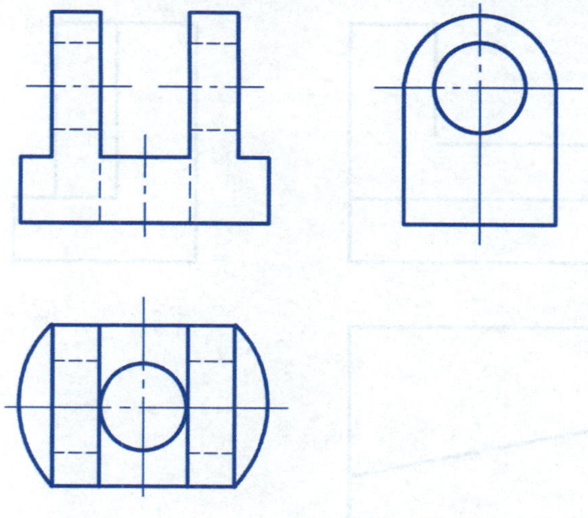

3.

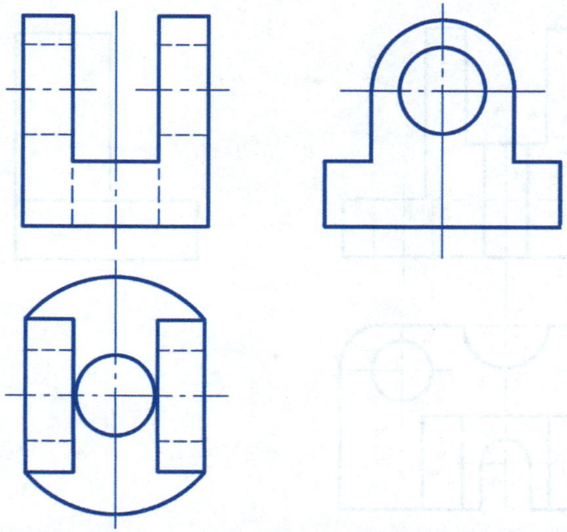

4.

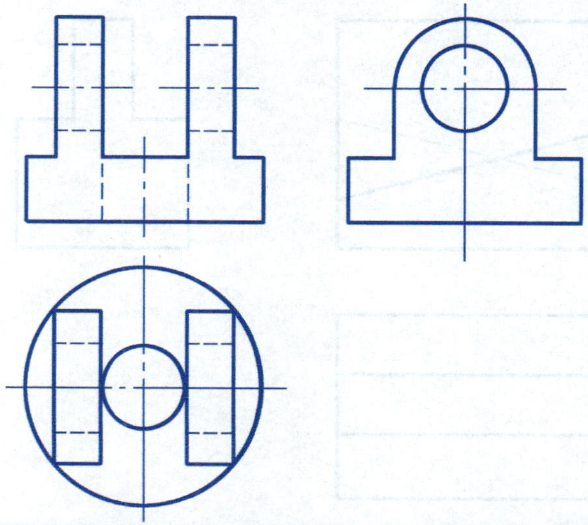

班级________ 姓名________ 学号________

3-8 看懂下列三视图，补画视图所缺的图线（续）。

5.

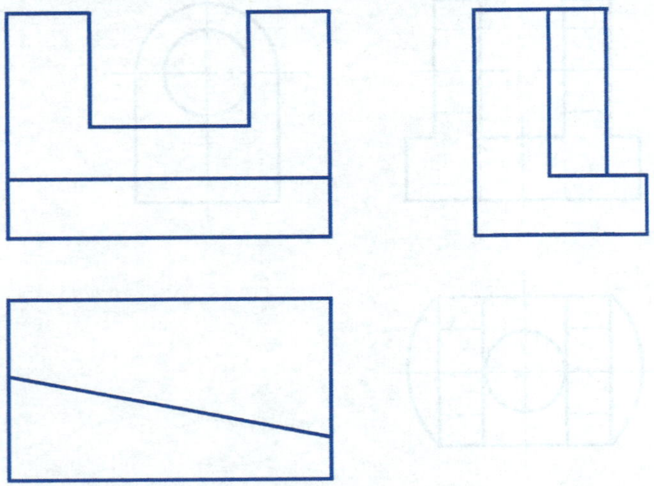

6.

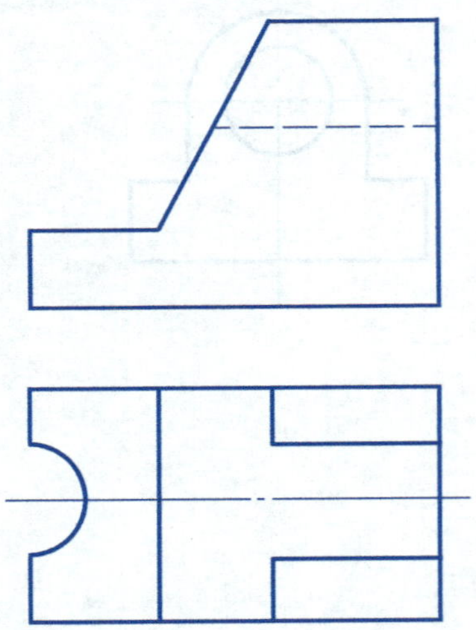

7.

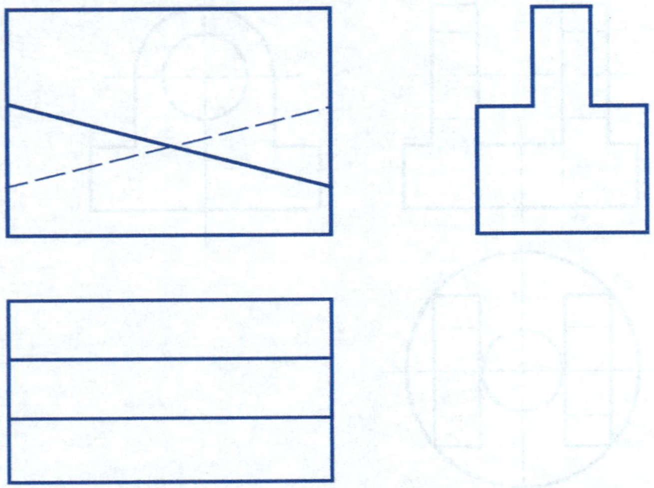

8.

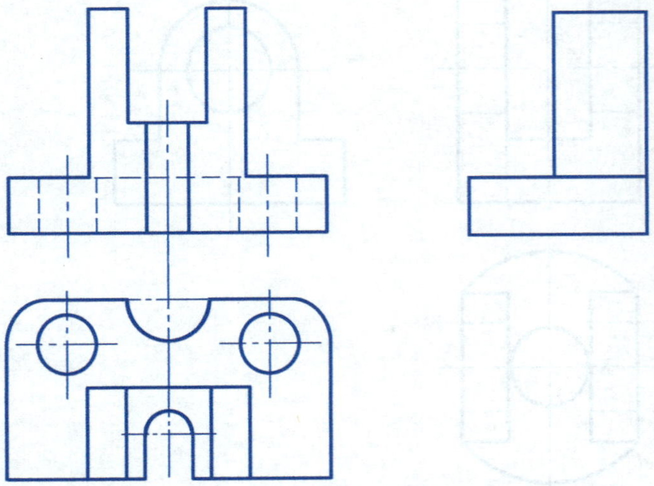

班级________ 姓名________ 学号________

3-8 看懂下列三视图，补画视图所缺的图线（续）。

9.

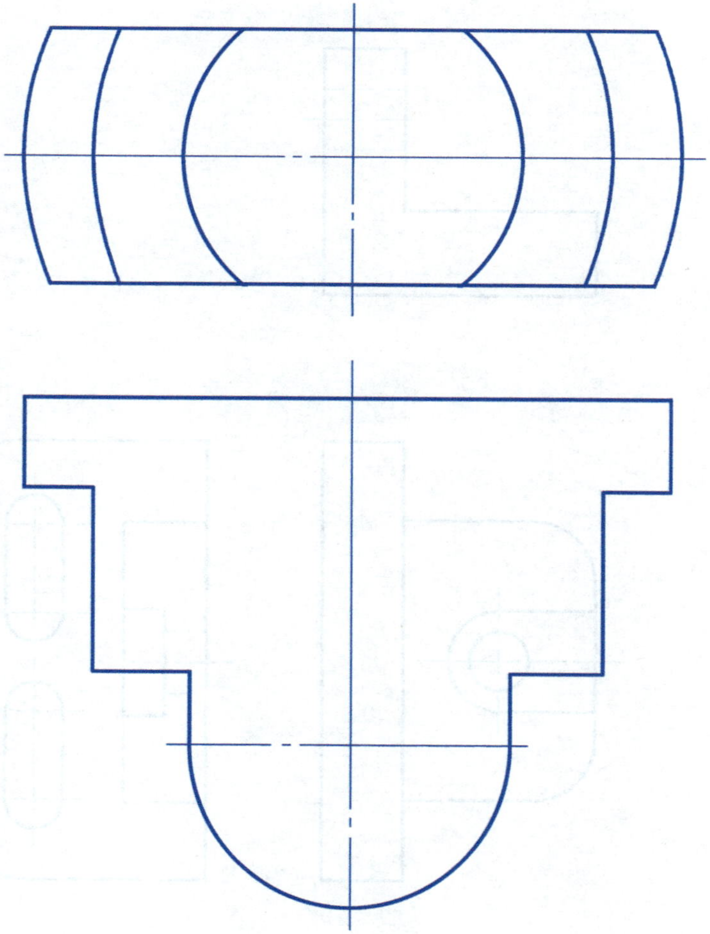

10.

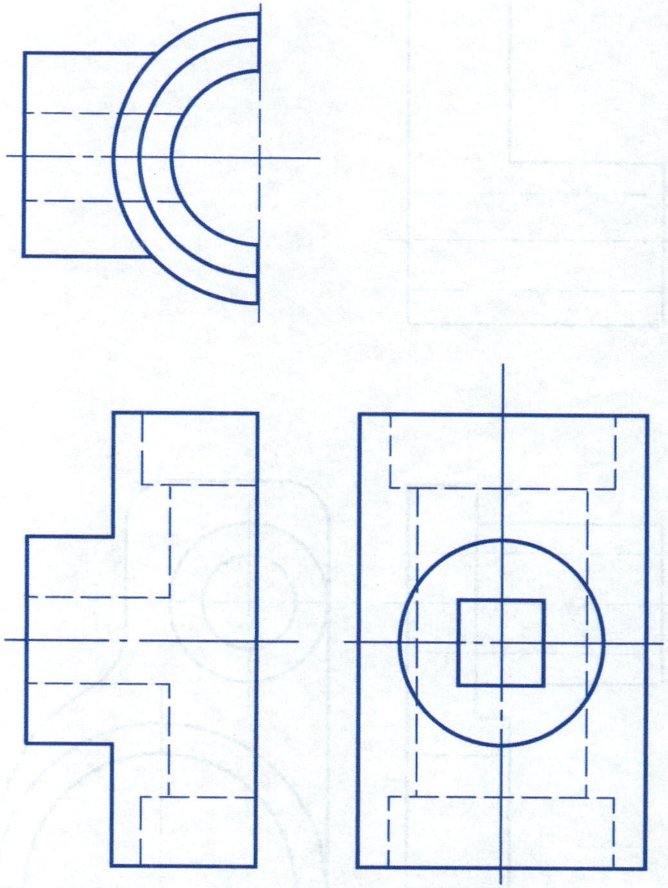

班级____________ 姓名____________ 学号____________

3-8 看懂下列三视图，补画视图所缺的图线（续）。

11.

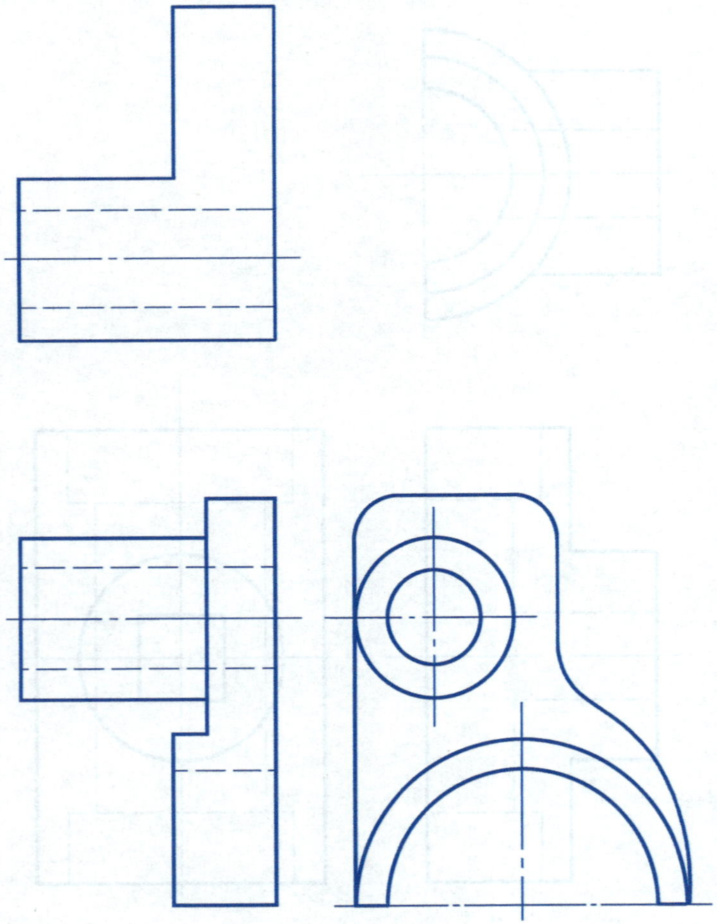

12.

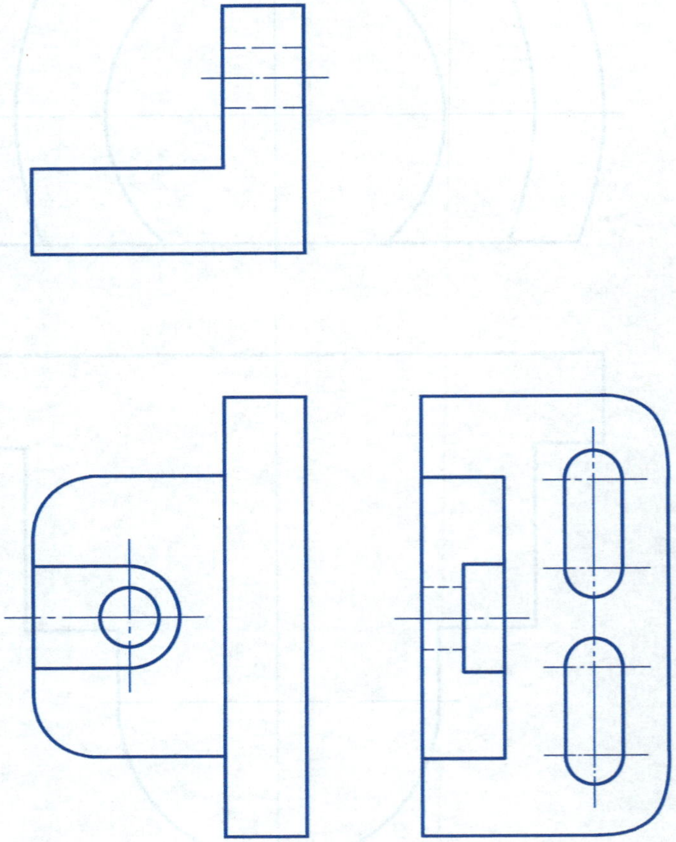

班级________ 姓名________ 学号________

3-9 看懂下列两面视图，补画第三面视图。

1.

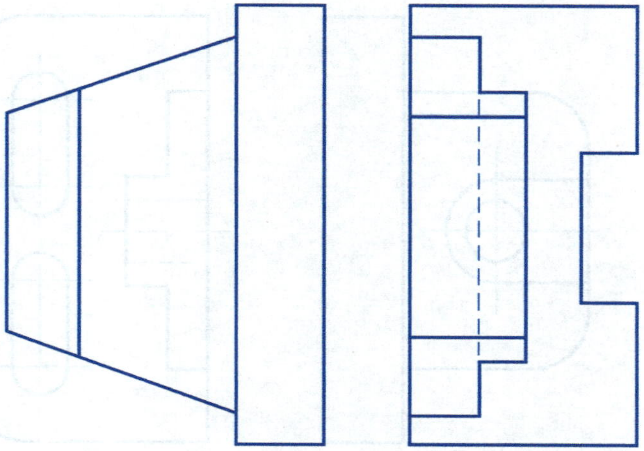

2.

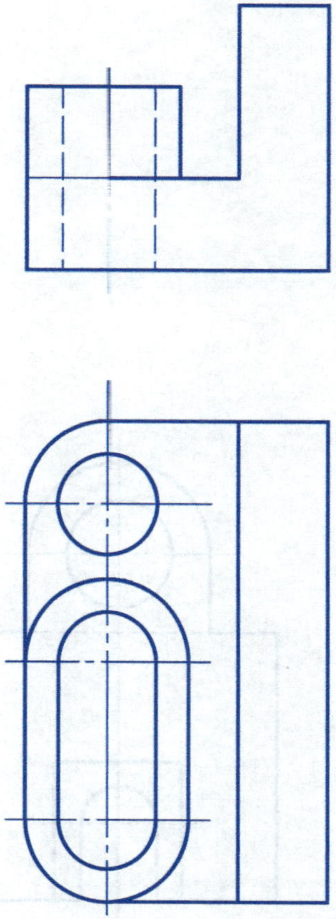

班级________ 姓名________ 学号________

3-9 看懂下列两面视图，补画第三面视图（续）。

3.

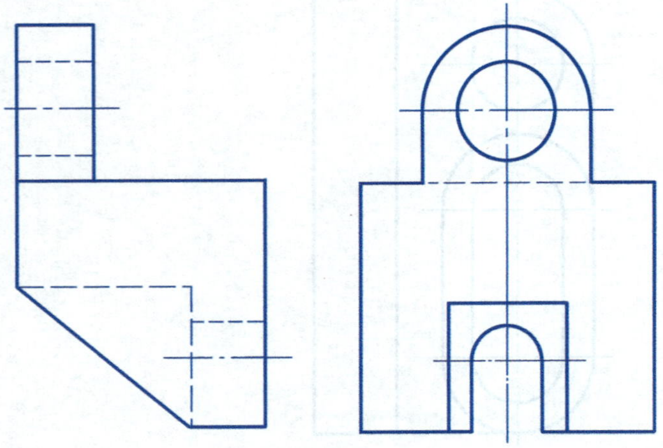

4.

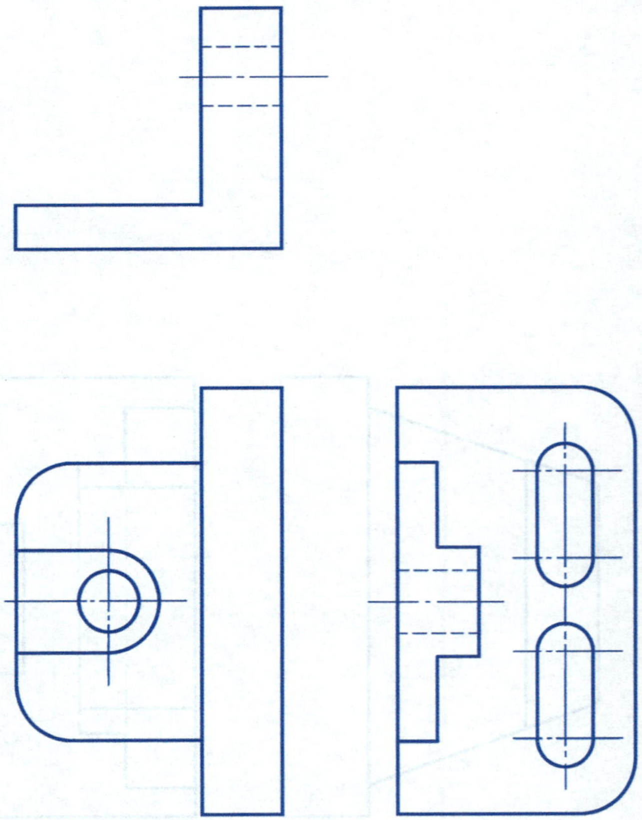

班级______________ 姓名______________ 学号______________

3－9　看懂下列两面视图，补画第三面视图（续）。

5.

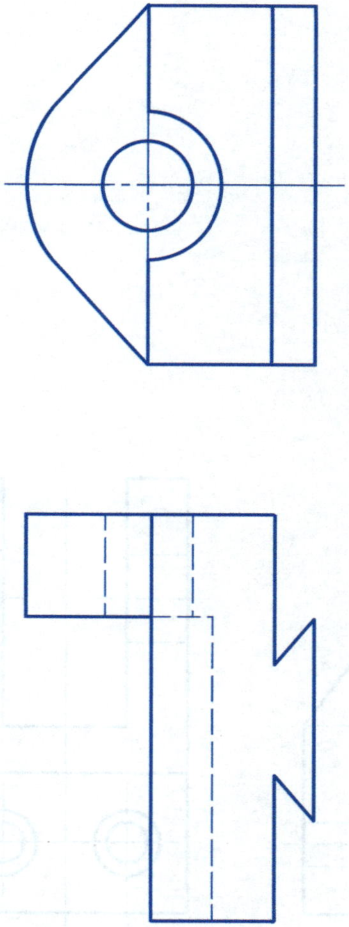

6.

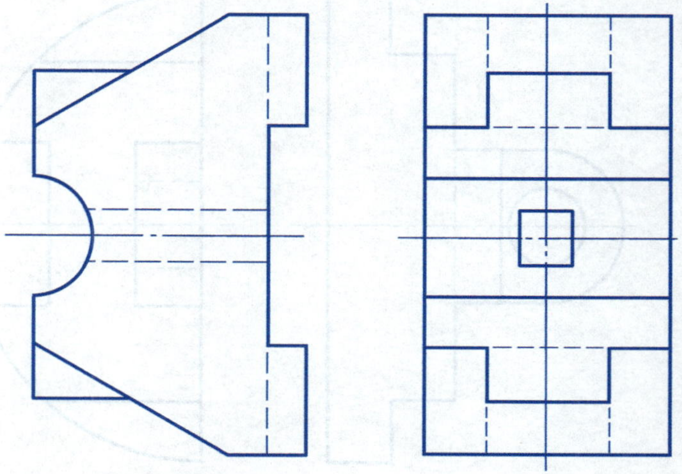

班级＿＿＿＿＿＿＿＿　姓名＿＿＿＿＿＿＿＿　学号＿＿＿＿＿＿＿＿

3-9 看懂下列两面视图，补画第三面视图（续）。

7.

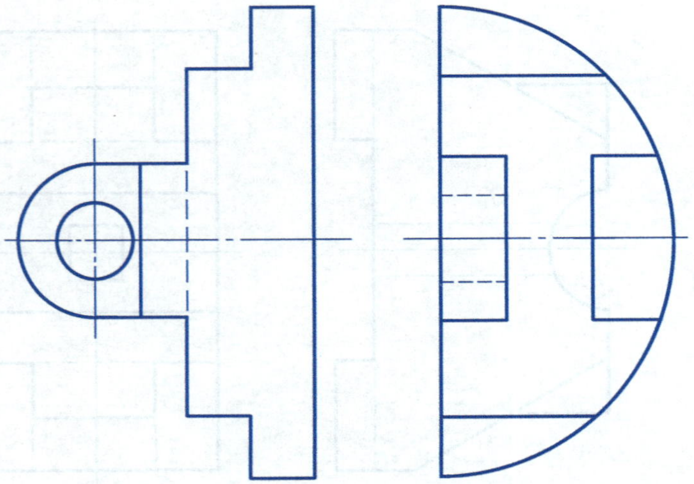

8.

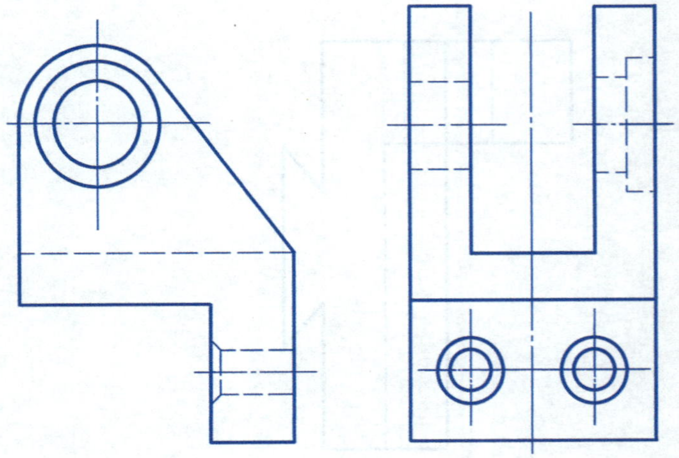

班级________ 姓名________ 学号________

3-10 根据立体图，先徒手画出三视图，然后使用绘图工具画出三视图（比例为1:1，尺寸从立体图上量取整数）。

1.

班级________ 姓名________ 学号________

3-10 根据立体图，先徒手画出三视图，然后使用绘图工具画出三视图（比例为1:1，尺寸从立体图上量取整数）（续）。

2.

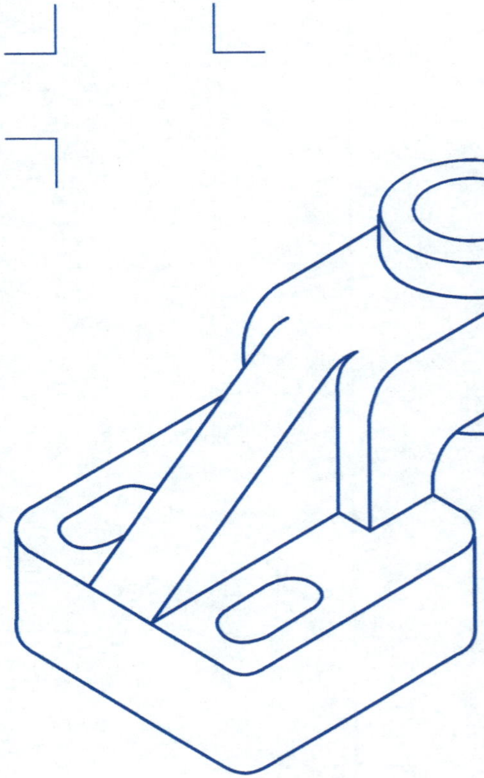

班级＿＿＿＿＿＿＿＿　姓名＿＿＿＿＿＿＿＿　学号＿＿＿＿＿＿＿＿

3-11 根据立体图，画三视图，并标注尺寸（比例为1:1，尺寸从立体图上量取整数）。

班级________ 姓名________ 学号________

第四章 轴 测 图

4-1 正等轴测图。

1. 根据主、俯视图画正等轴测图。

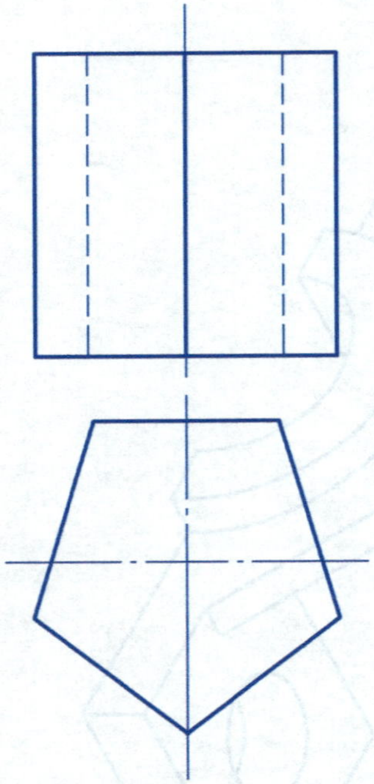

2. 根据三视图画正等轴测图。

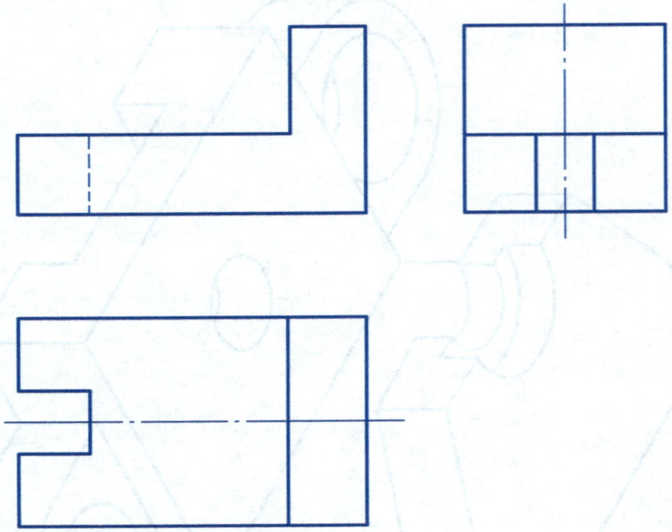

班级________ 姓名________ 学号________

4-2 根据三视图徒手画正等轴测图。

1.

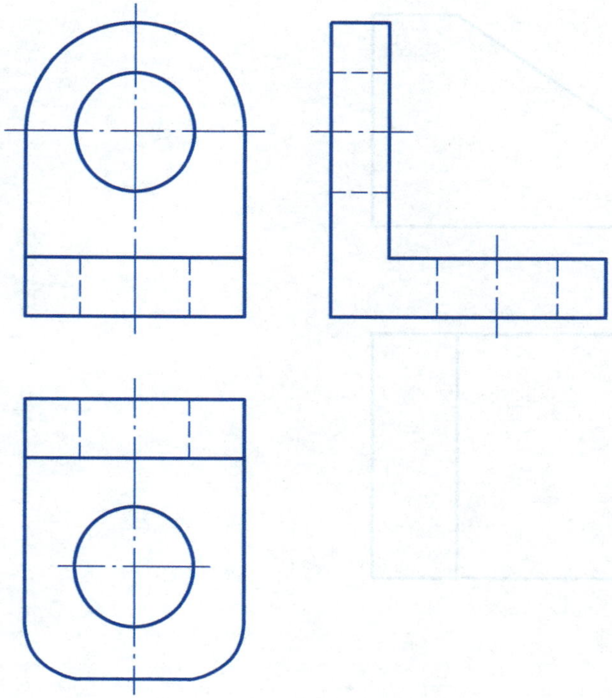

2.

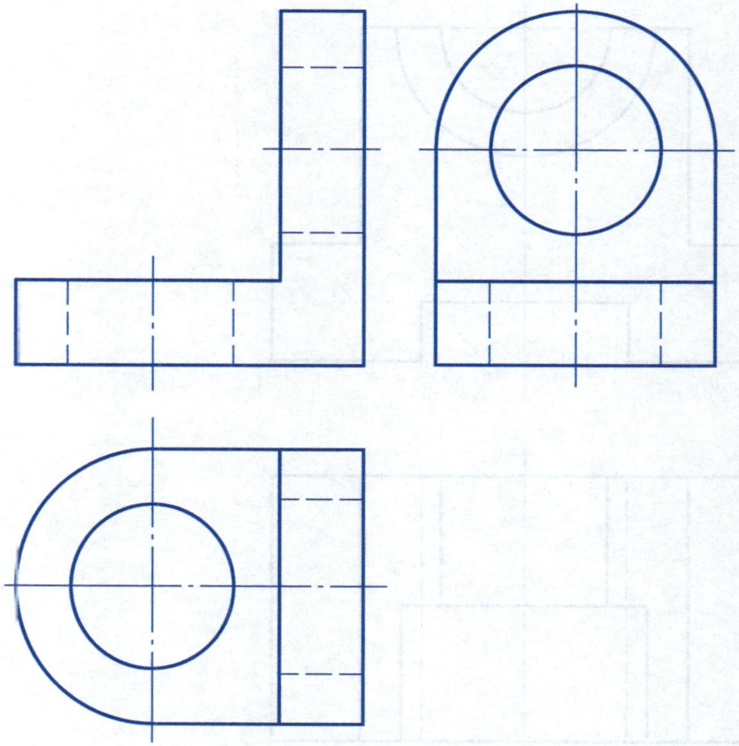

班级______________ 姓名______________ 学号______________

4-3 根据主、俯视图徒手画斜二轴测图。

1.

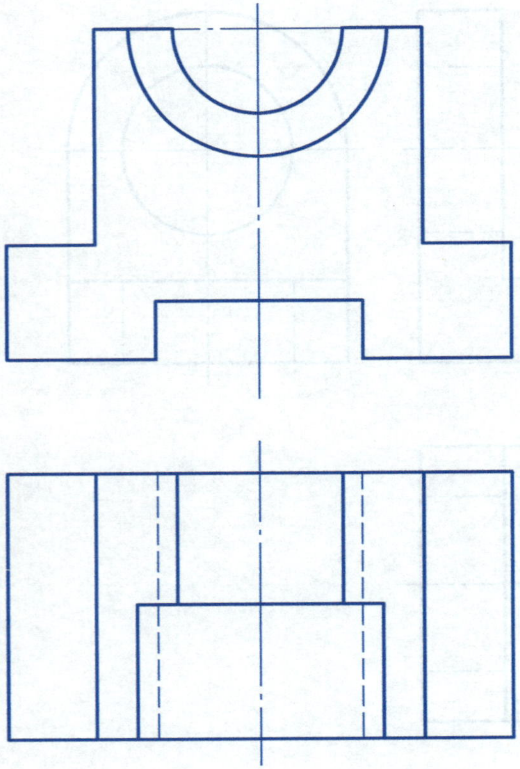

2.

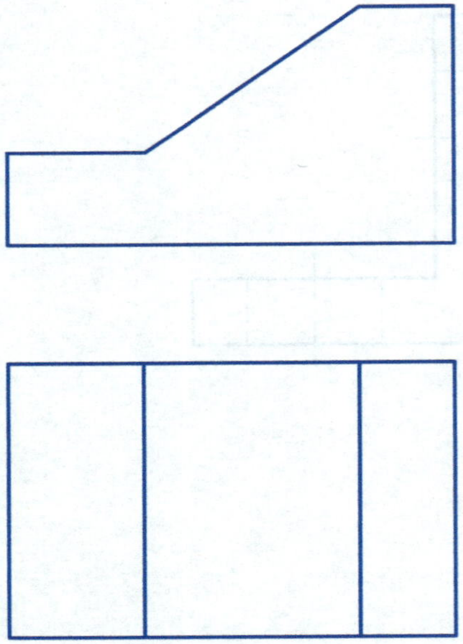

班级________ 姓名________ 学号________

4-3 根据主、俯视图徒手画斜二轴测图（续）。

3.

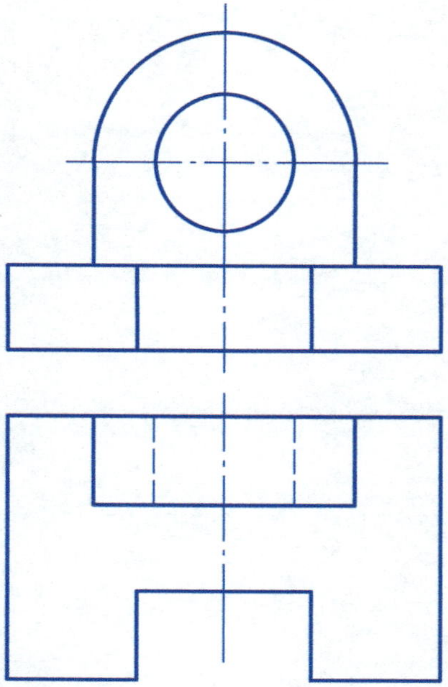

4.

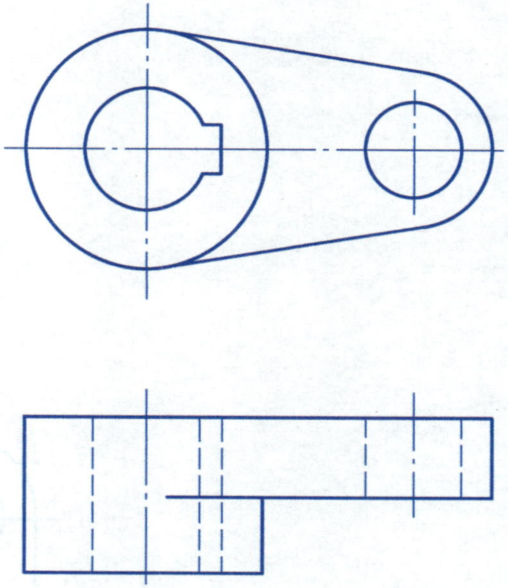

班级________ 姓名________ 学号________

第五章　机械图样的画法

5-1　根据主、俯视图，补画基本视图的其他视图。

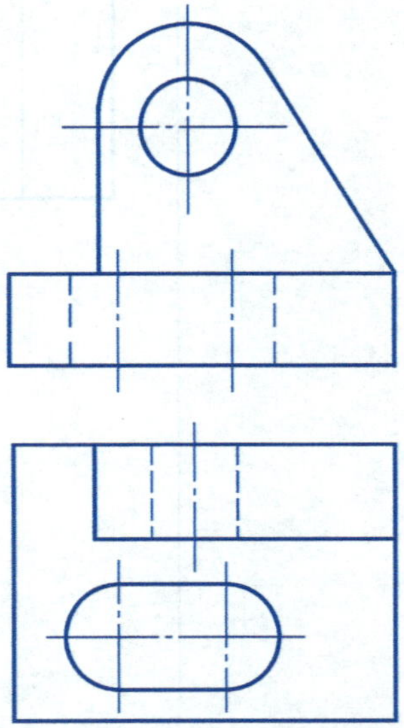

班级____________　　姓名____________　　学号____________

5-2 根据主、俯、左视图，按箭头所指，画出D、E、F向视图。

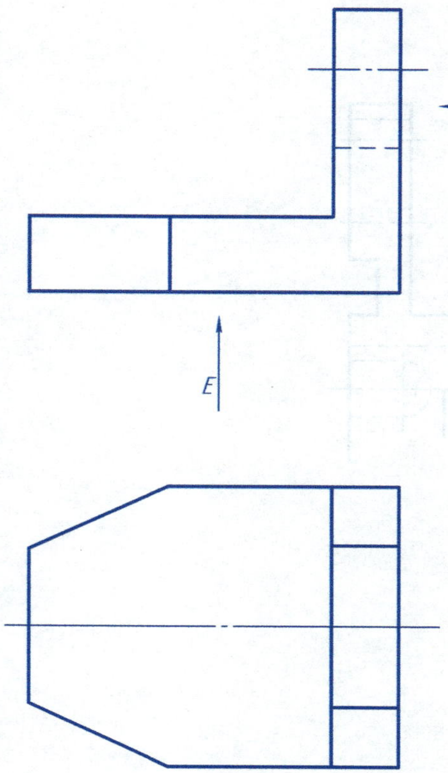

班级________ 姓名________ 学号________

5-3 根据轴测图、主视图和部分左视图画出 A 向斜视图和 B、C 向局部视图。

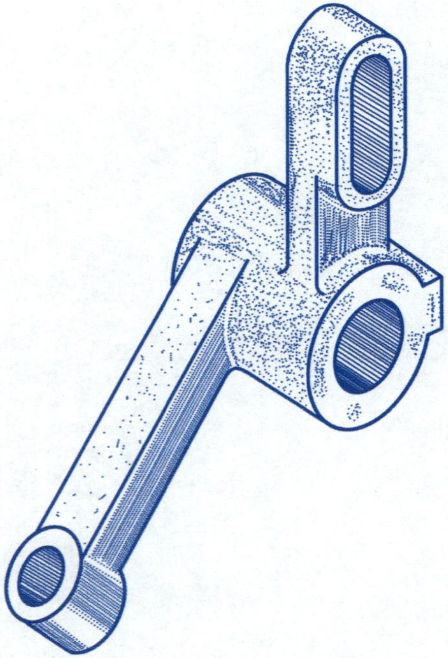

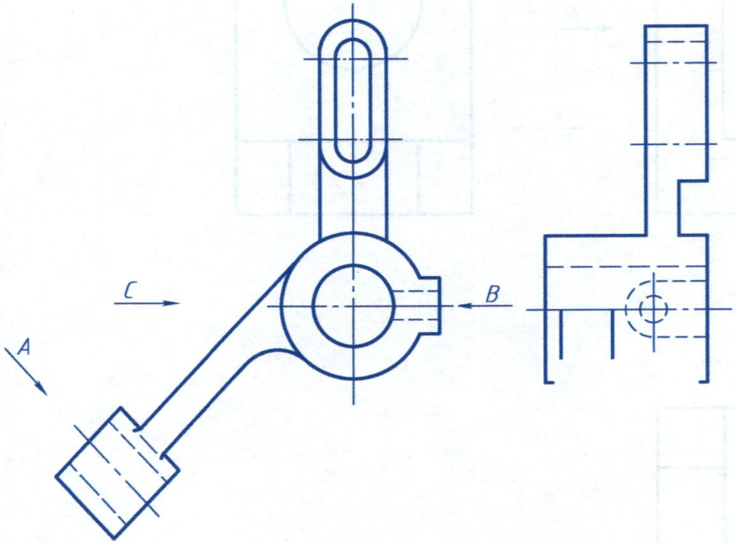

班级________________ 姓名________________ 学号________________

5-4 根据主、俯视图在指定位置画出 A 向斜视图和 B 向局部视图。

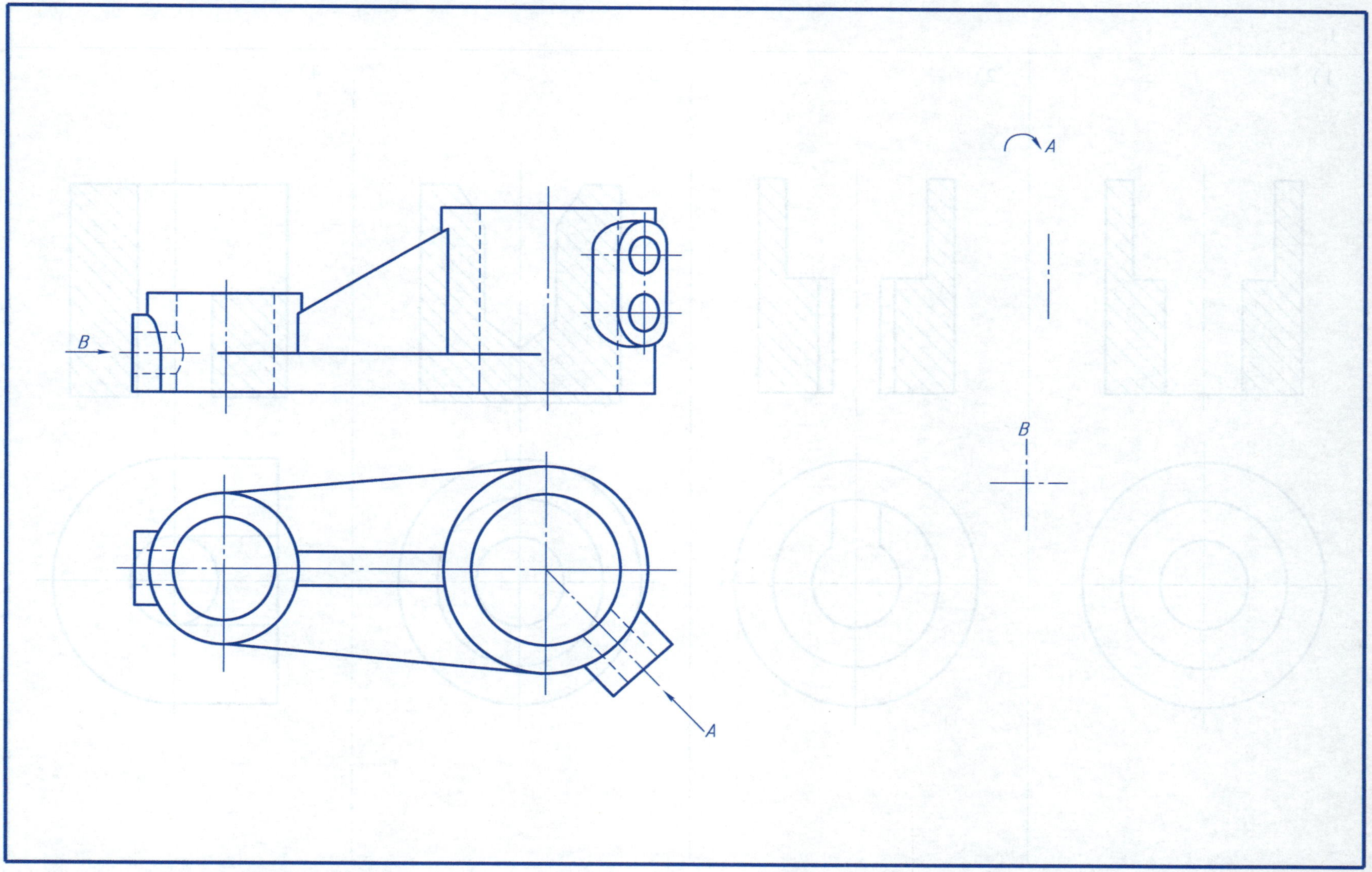

班级________ 姓名________ 学号________

5-5　补画下面剖视图中所缺的图线。

1.

1）

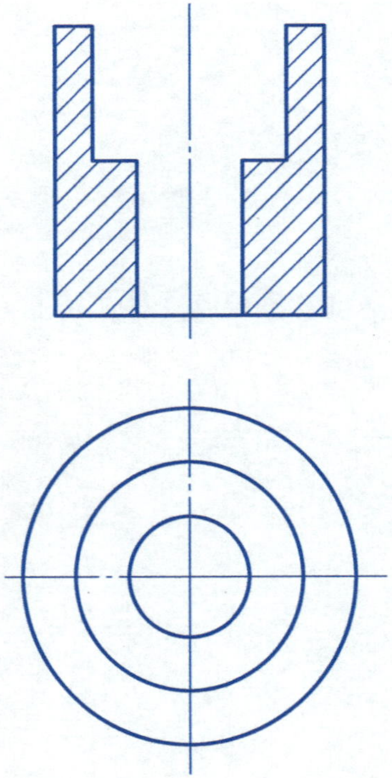

2）

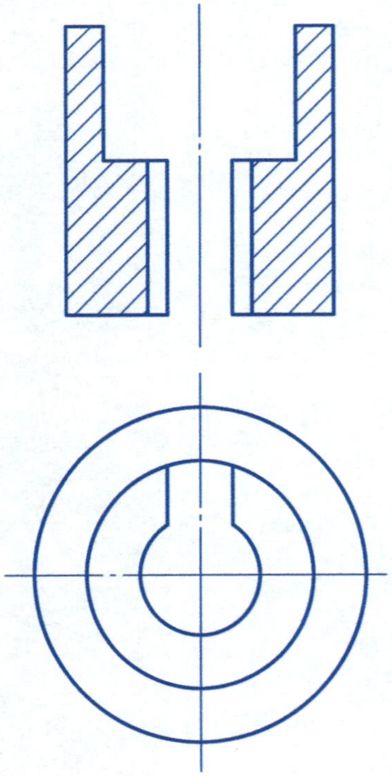

3）

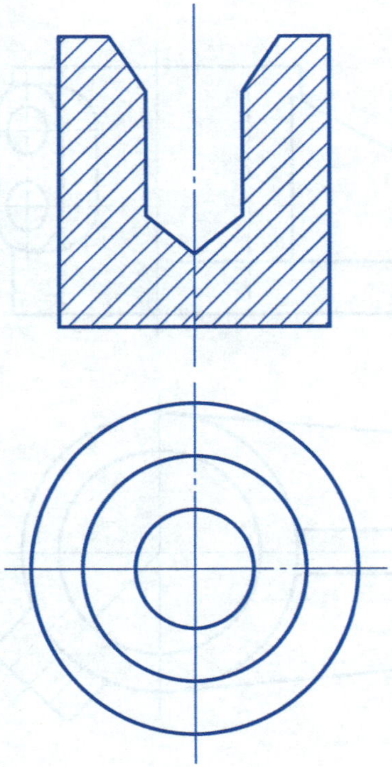

4）

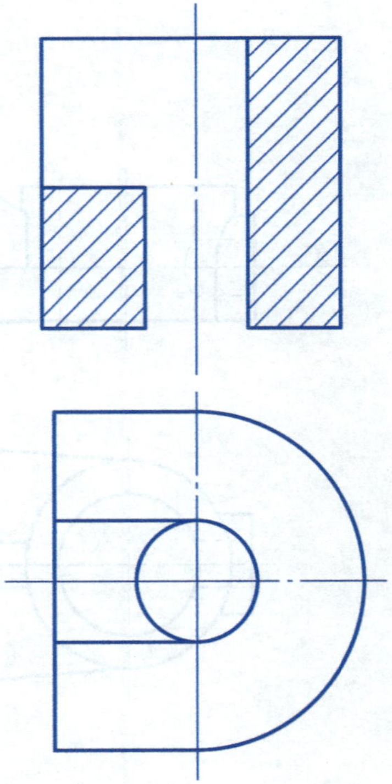

班级________　　姓名________　　学号________

5-5 补画下面剖视图中所缺的图线（续）。

2.

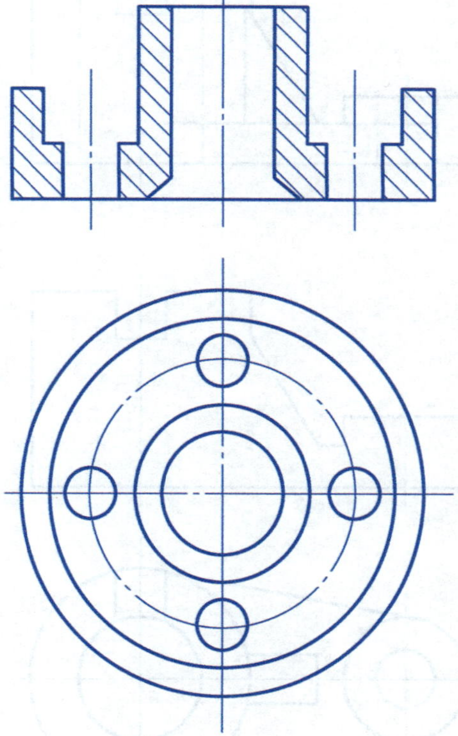

3.

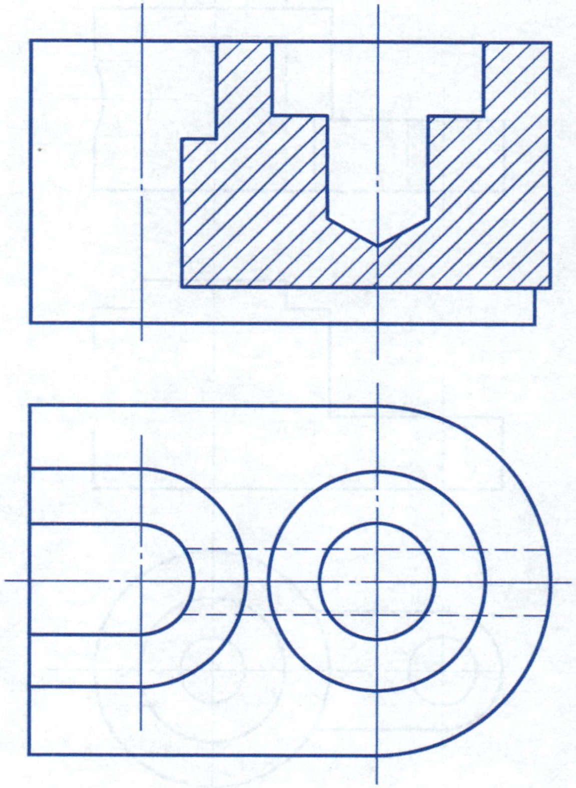

班级________ 姓名________ 学号________

5-6 将主视图改画成全剖视图。

1.

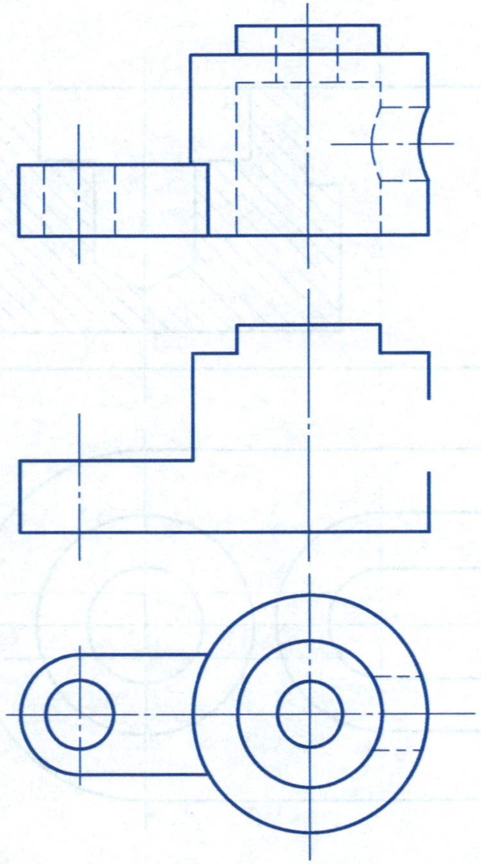

2.

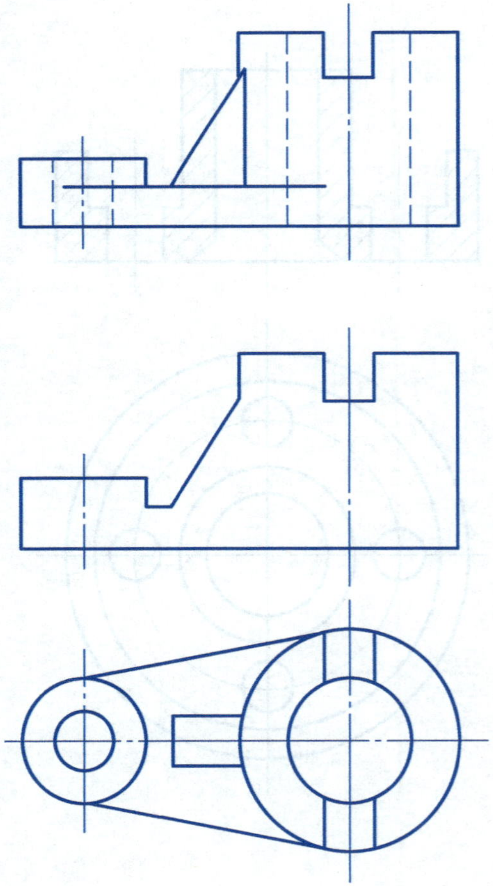

班级__________ 姓名__________ 学号__________

5-6 将主视图改画成全剖视图（续）。

3.

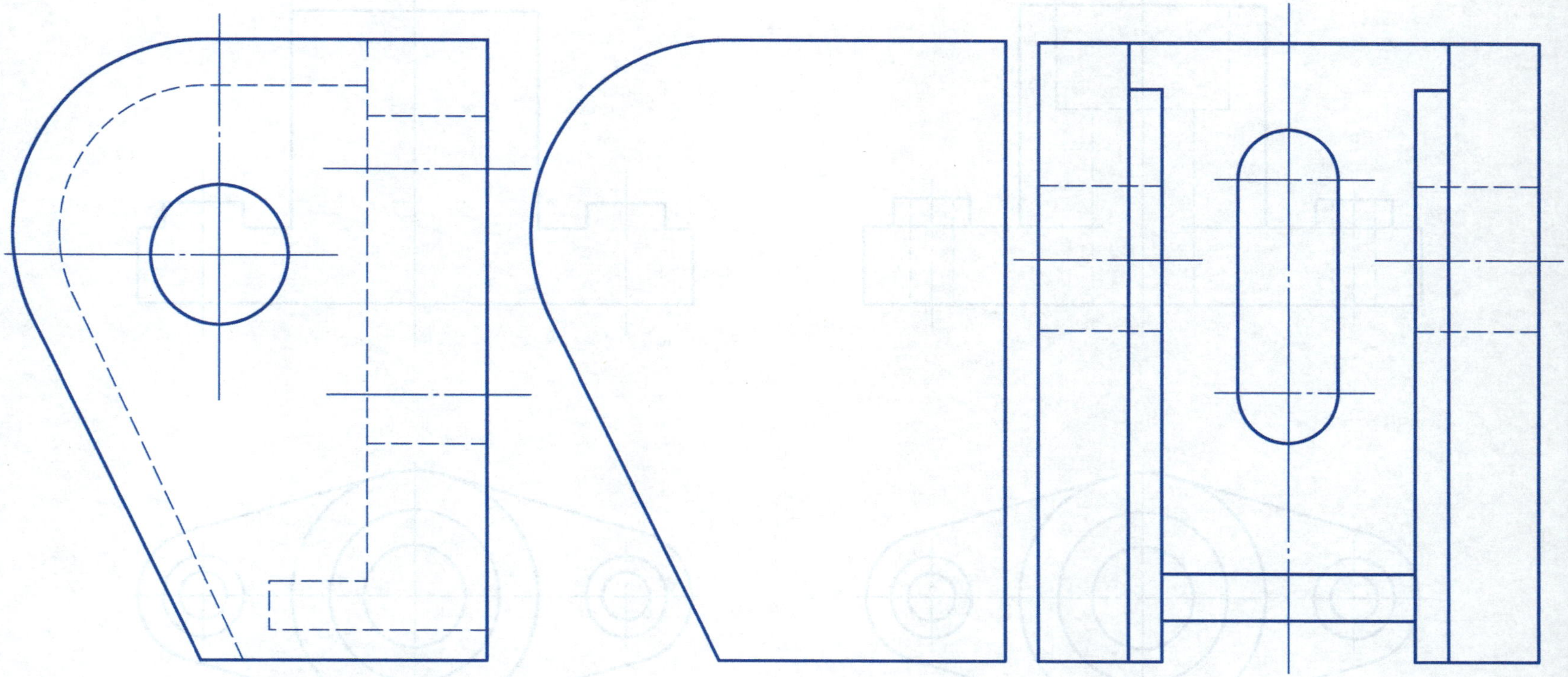

班级______ 姓名______ 学号______

5-7 将主视图改画成半剖视图。

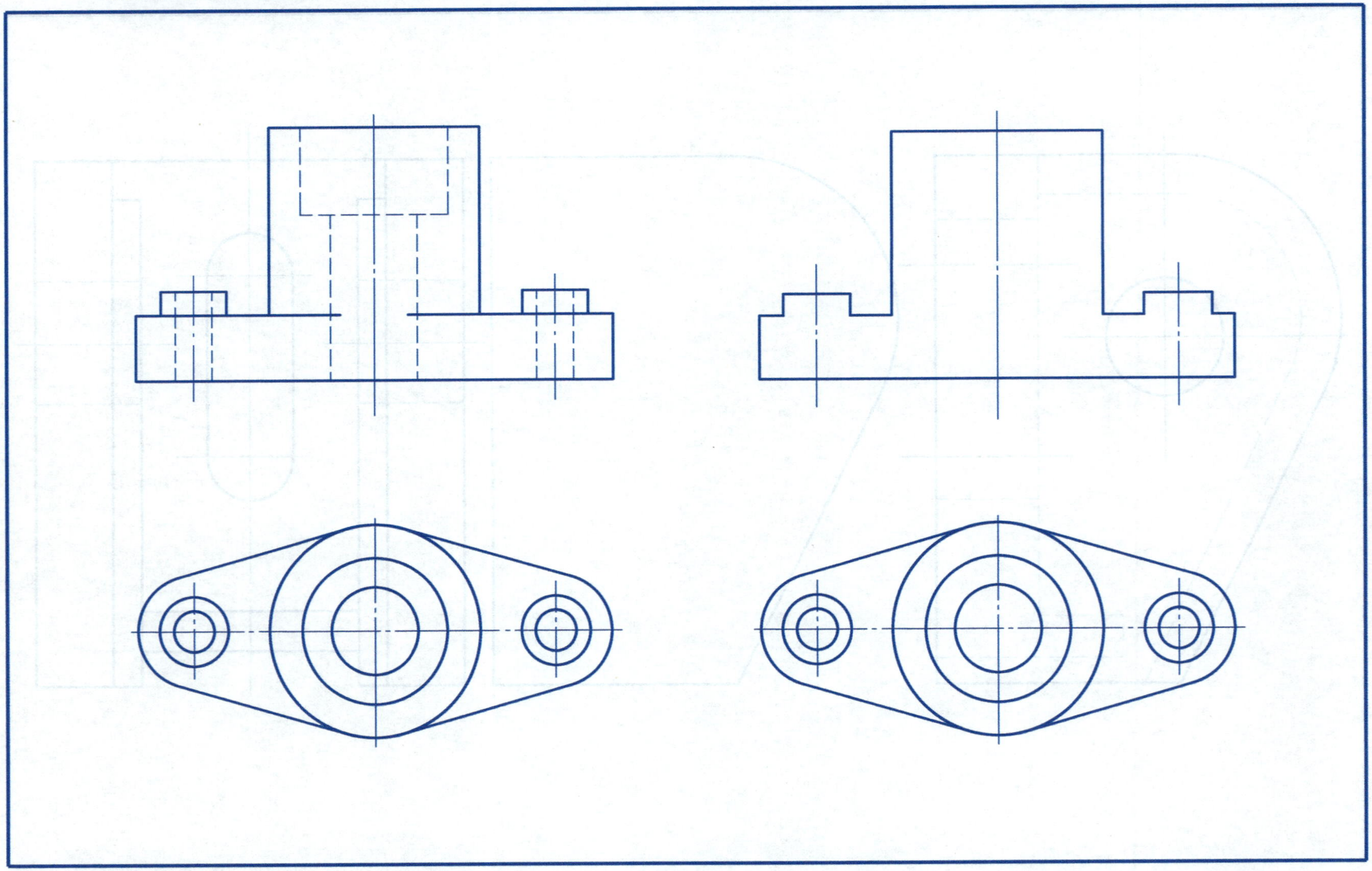

班级________ 姓名________ 学号________

5-8 将主、俯、左视图改画成半剖视图。

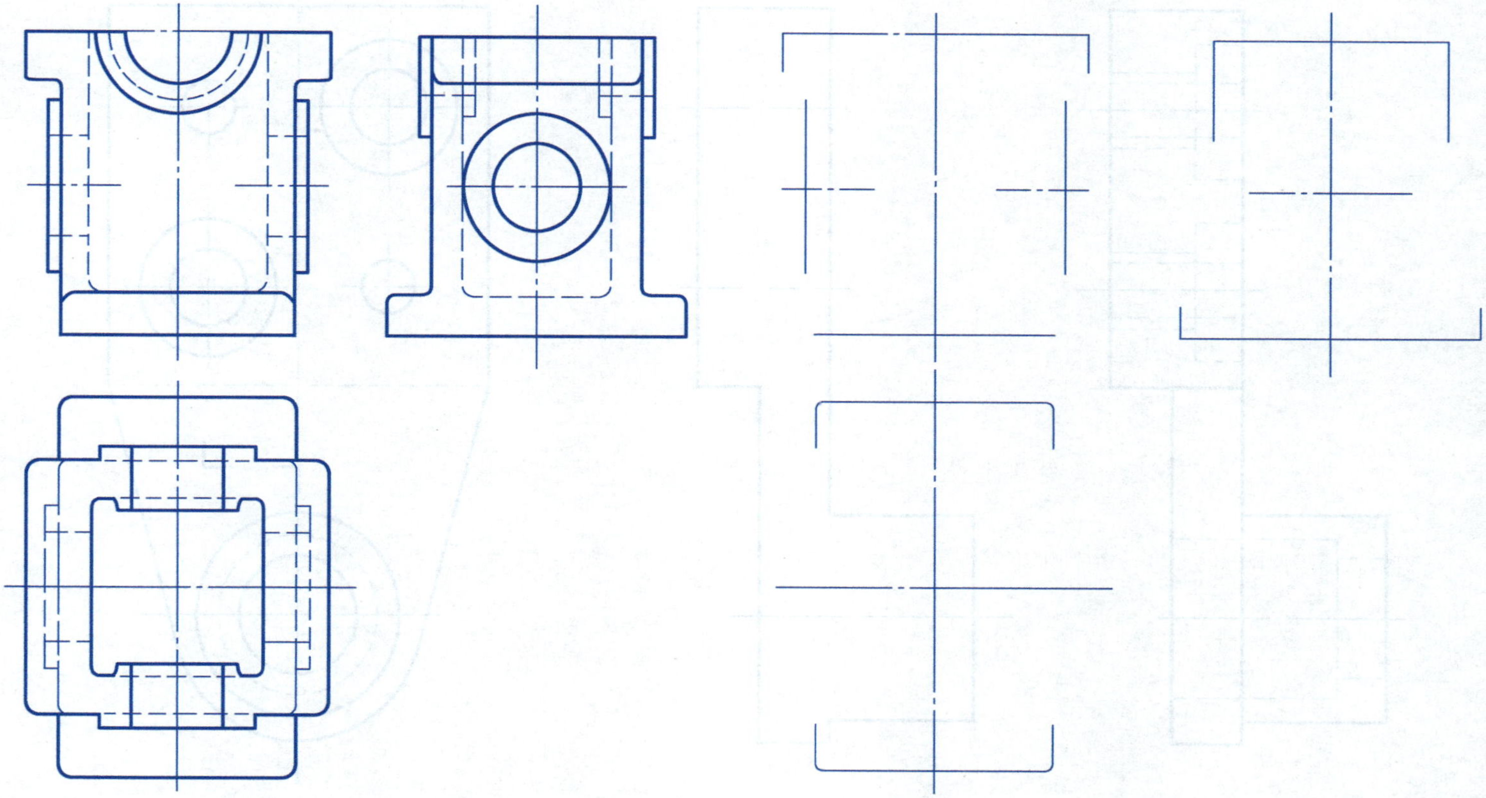

班级________ 姓名________ 学号________

5-9 用几个平行的剖切平面将主视图改画成全剖视图。

1.

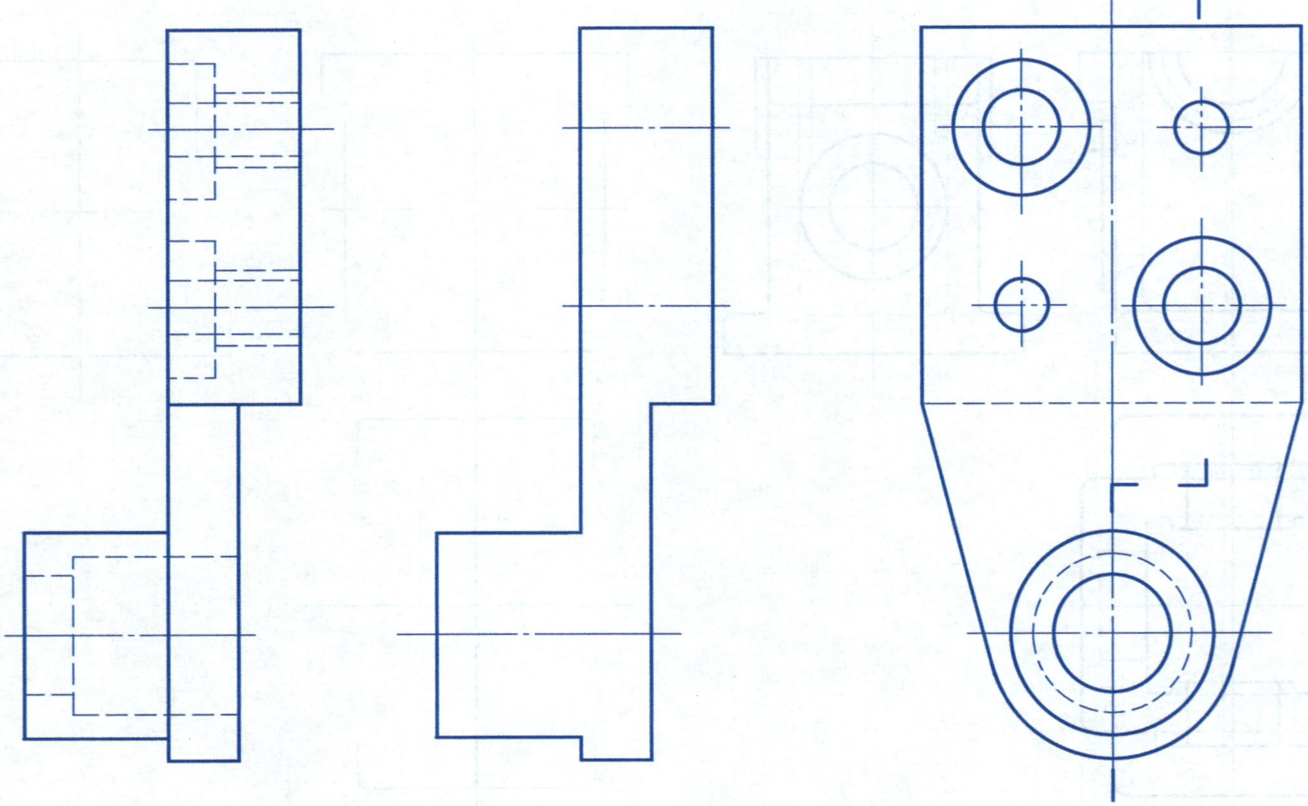

班级______________ 姓名______________ 学号______________

5-9 用几个平行的剖切平面将主视图改画成全剖视图（续）。

2.

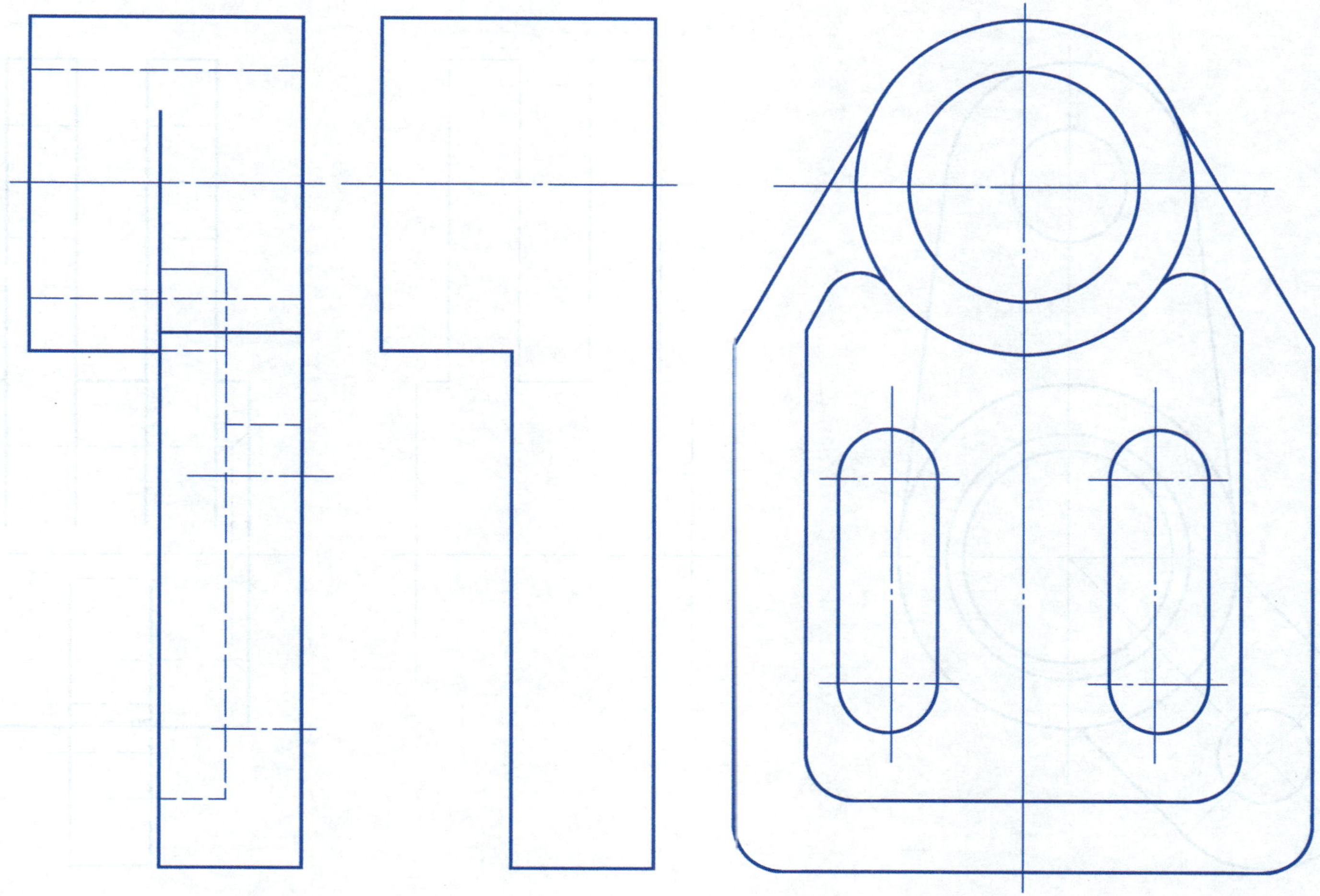

班级________________ 姓名________________ 学号________________

5-10 用几个相交的剖切平面将主视图改画成全剖视图。

1.

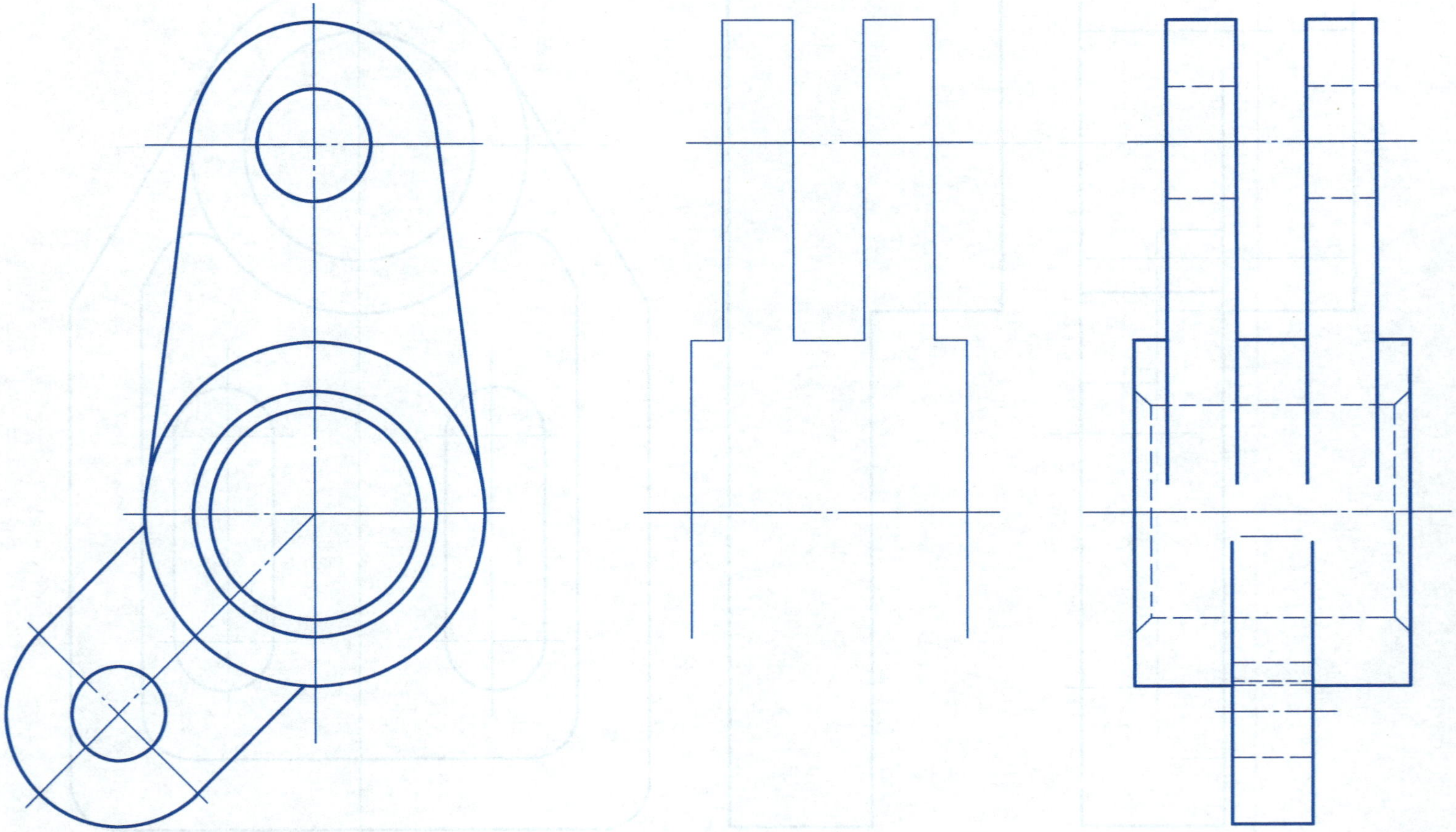

班级________________ 姓名________________ 学号________________

5-10 用几个相交的剖切平面将主视图改画成全剖视图（续）。

2.

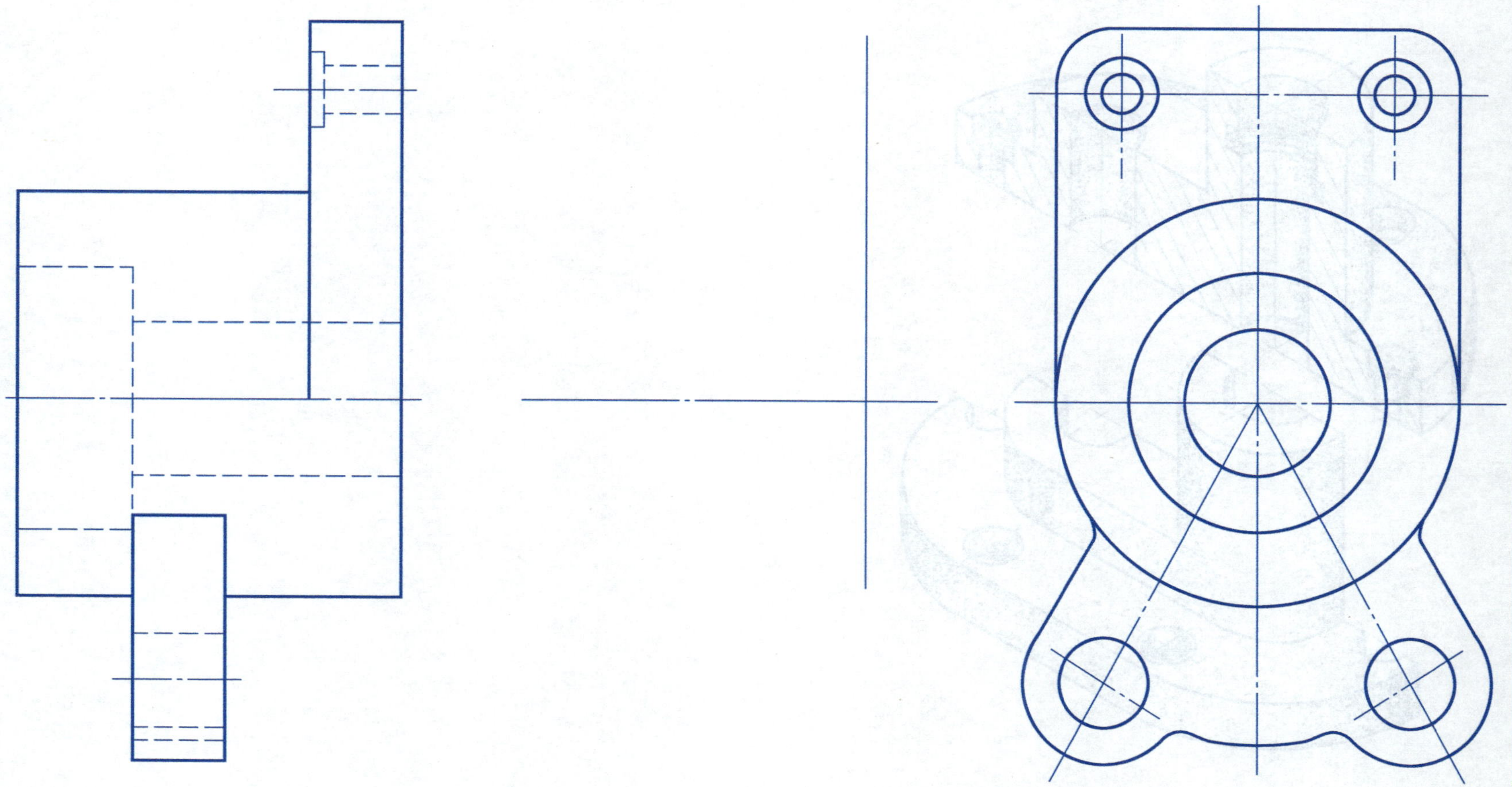

班级________ 姓名________ 学号________

5-11 根据轴测图，画出主视图和俯视图，并将主视图改画成全剖视图。

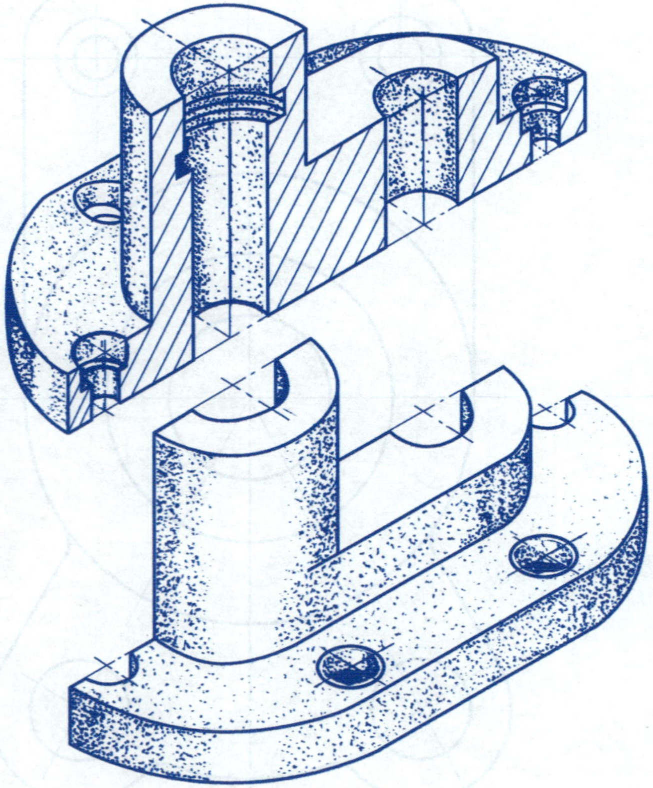

班级＿＿＿＿＿＿ 姓名＿＿＿＿＿＿ 学号＿＿＿＿＿＿

5－12　将下面视图改画成局部视图。

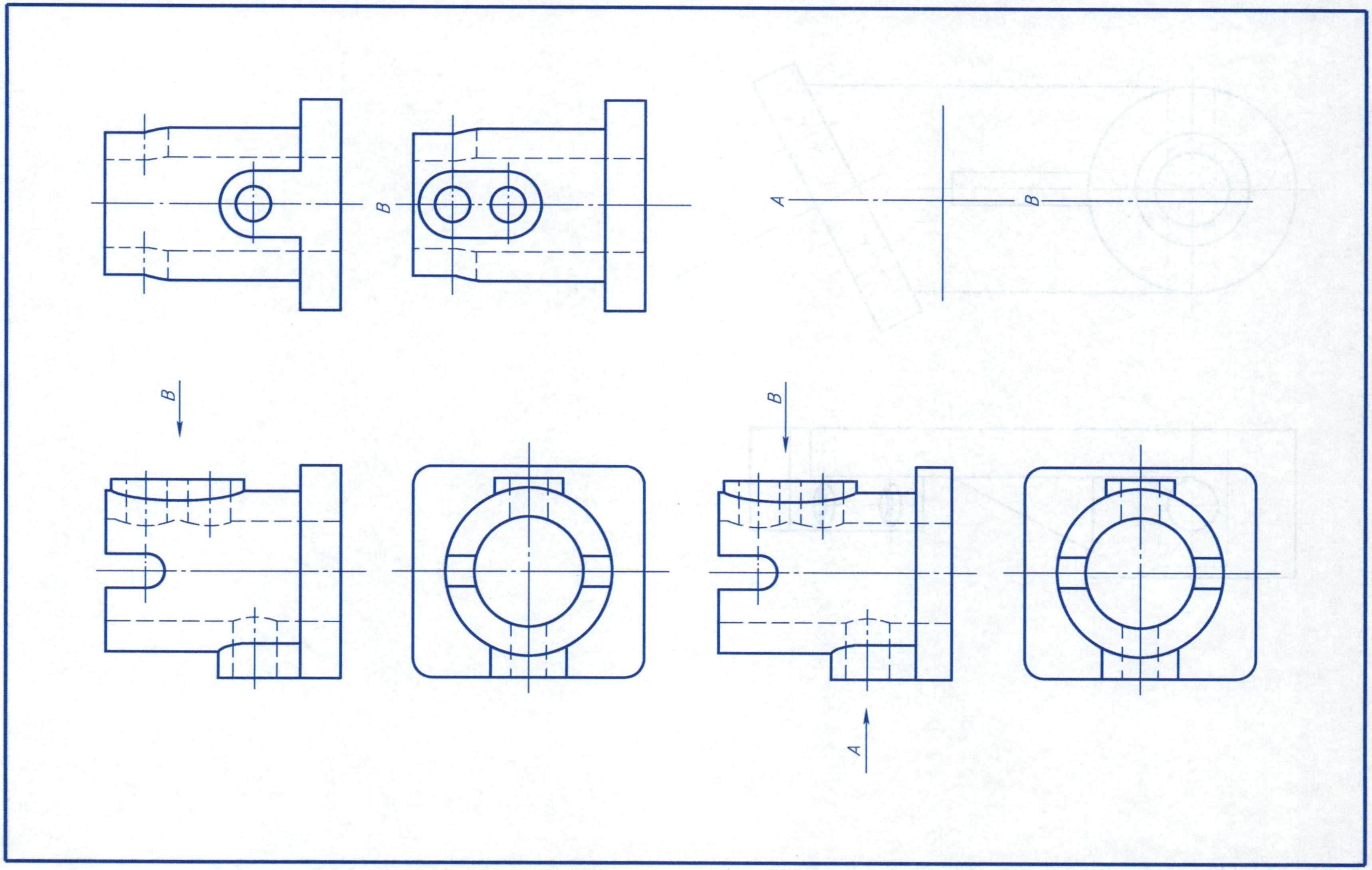

班级______________　　姓名______________　　学号______________

5-13　将俯视图改画成局部视图，并补画A向斜视图。

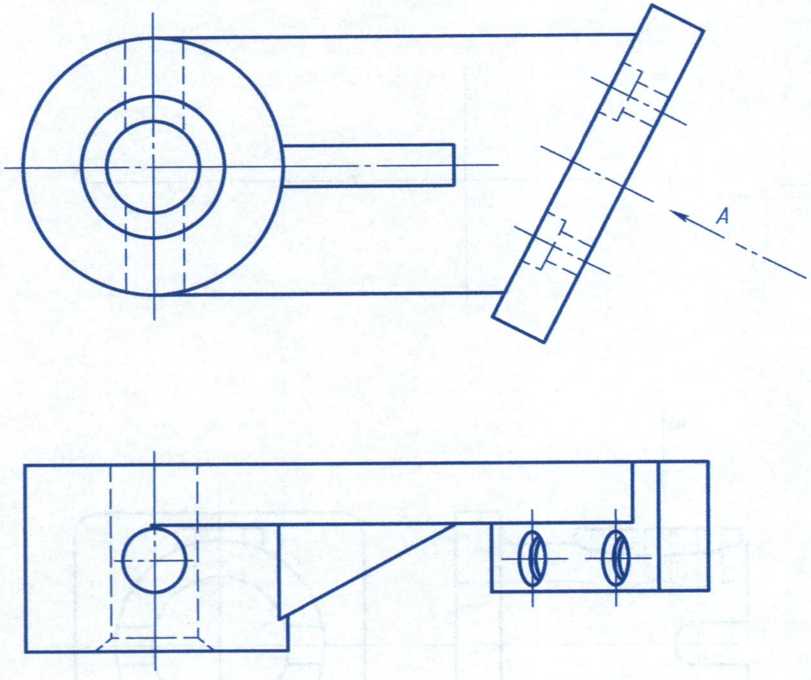

班级________　姓名________　学号________

5-14 补画全剖视图中所缺的图线。

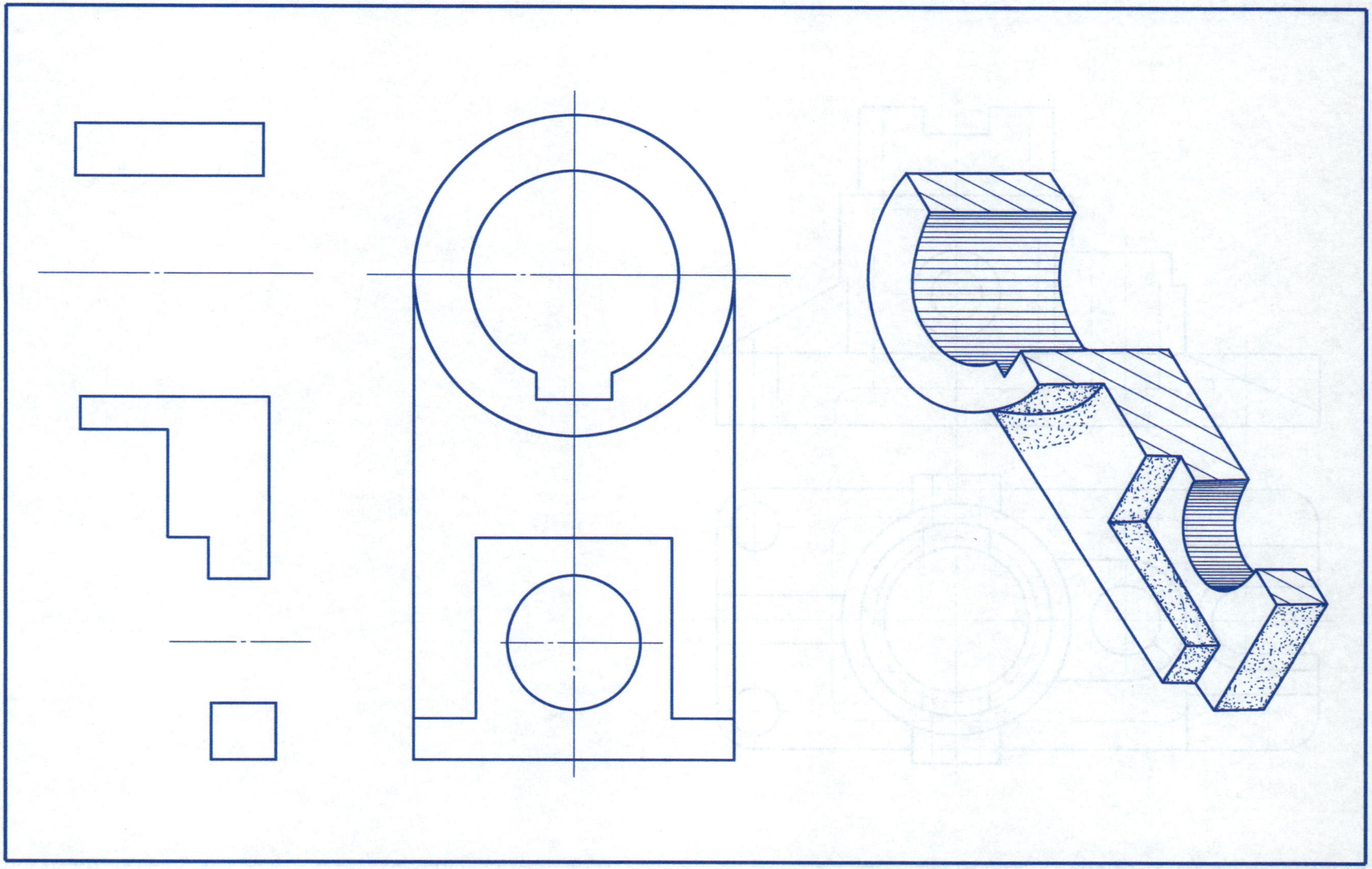

班级________ 姓名________ 学号________

5-15 根据三视图，选择合理的剖视方法，并画出剖视图。

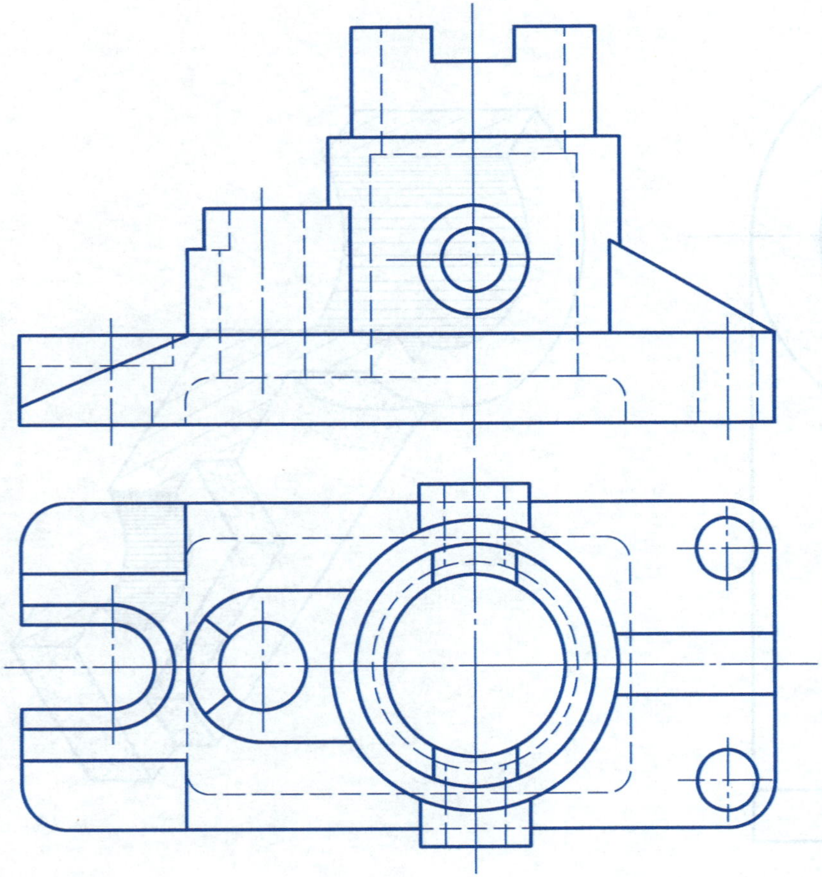

班级________ 姓名________ 学号________

5-16 在指定位置画出移出断面图（右键槽为单键槽，深4mm，左端平面前后对称）。

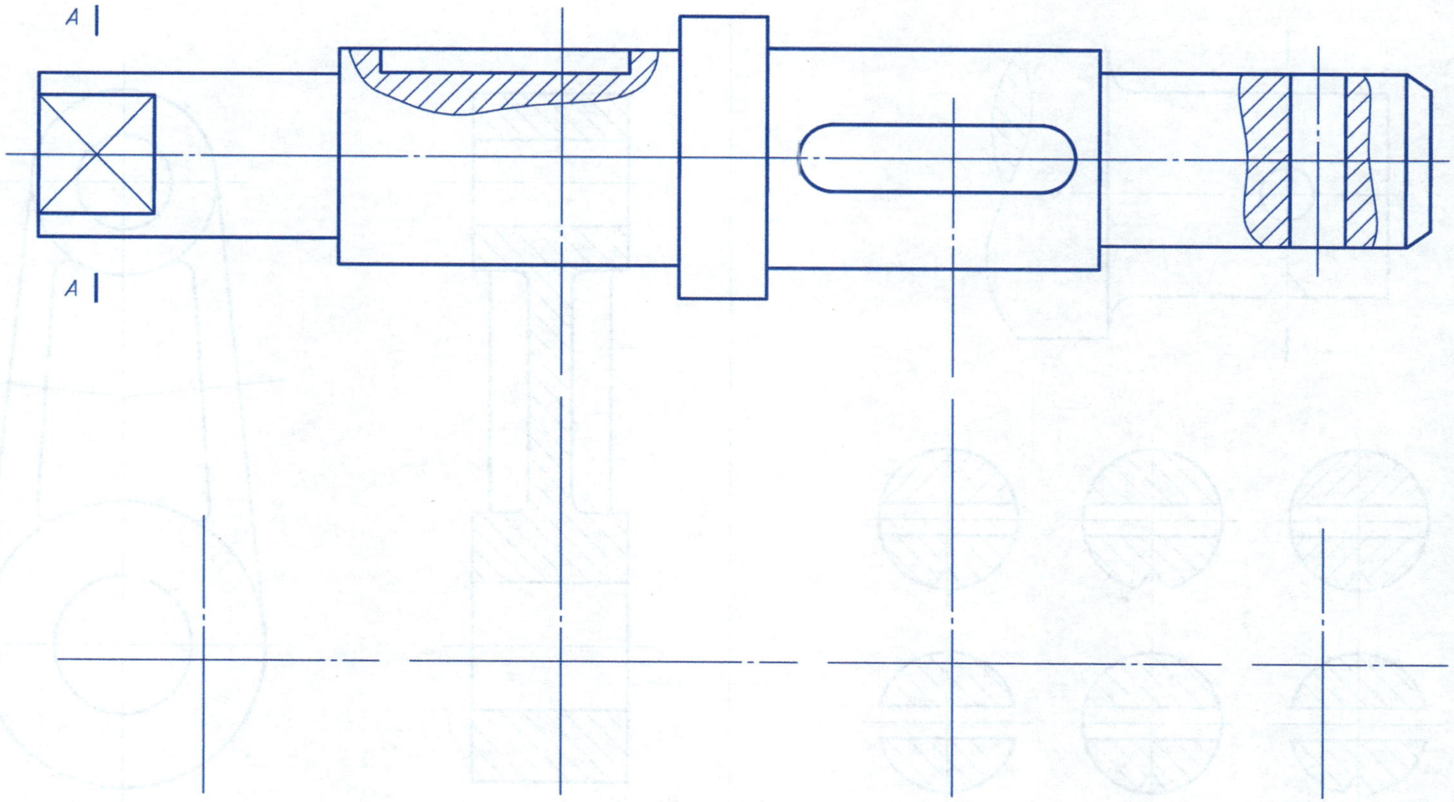

班级________ 姓名________ 学号________

5-17 断面图。

1. 判断下面哪个断面图是正确的。

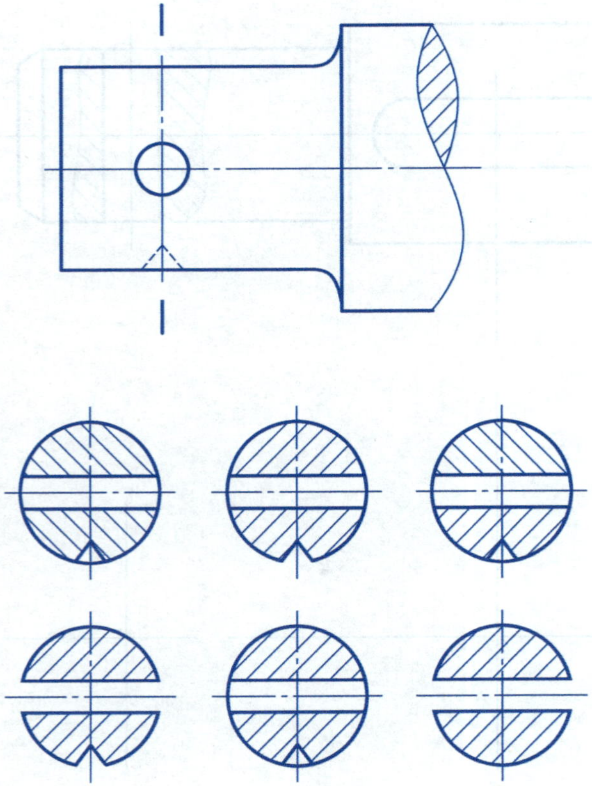

2. 在给定的位置画出移出断面。

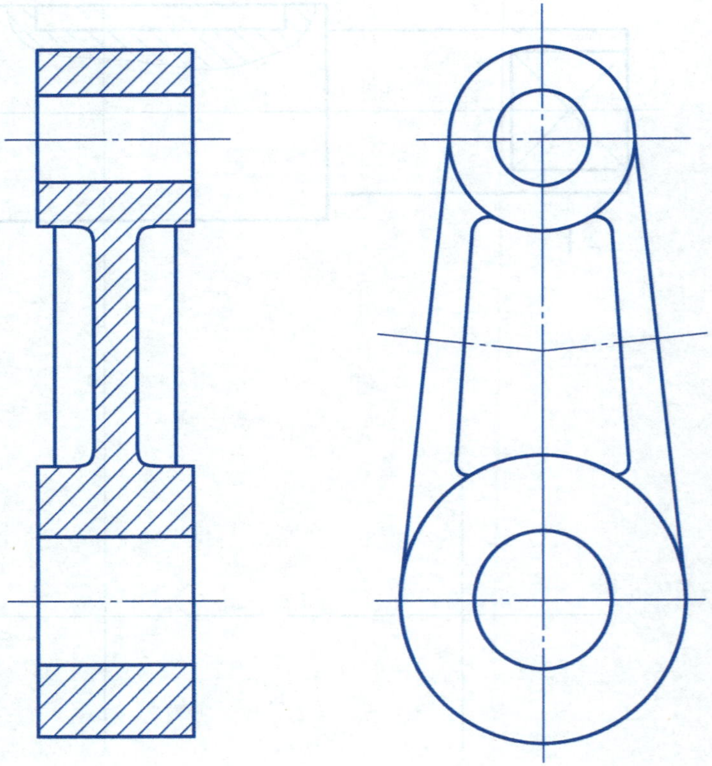

班级________ 姓名________ 学号________

5-18 按照肋板的简化画法，将主视图改画成全剖视图。

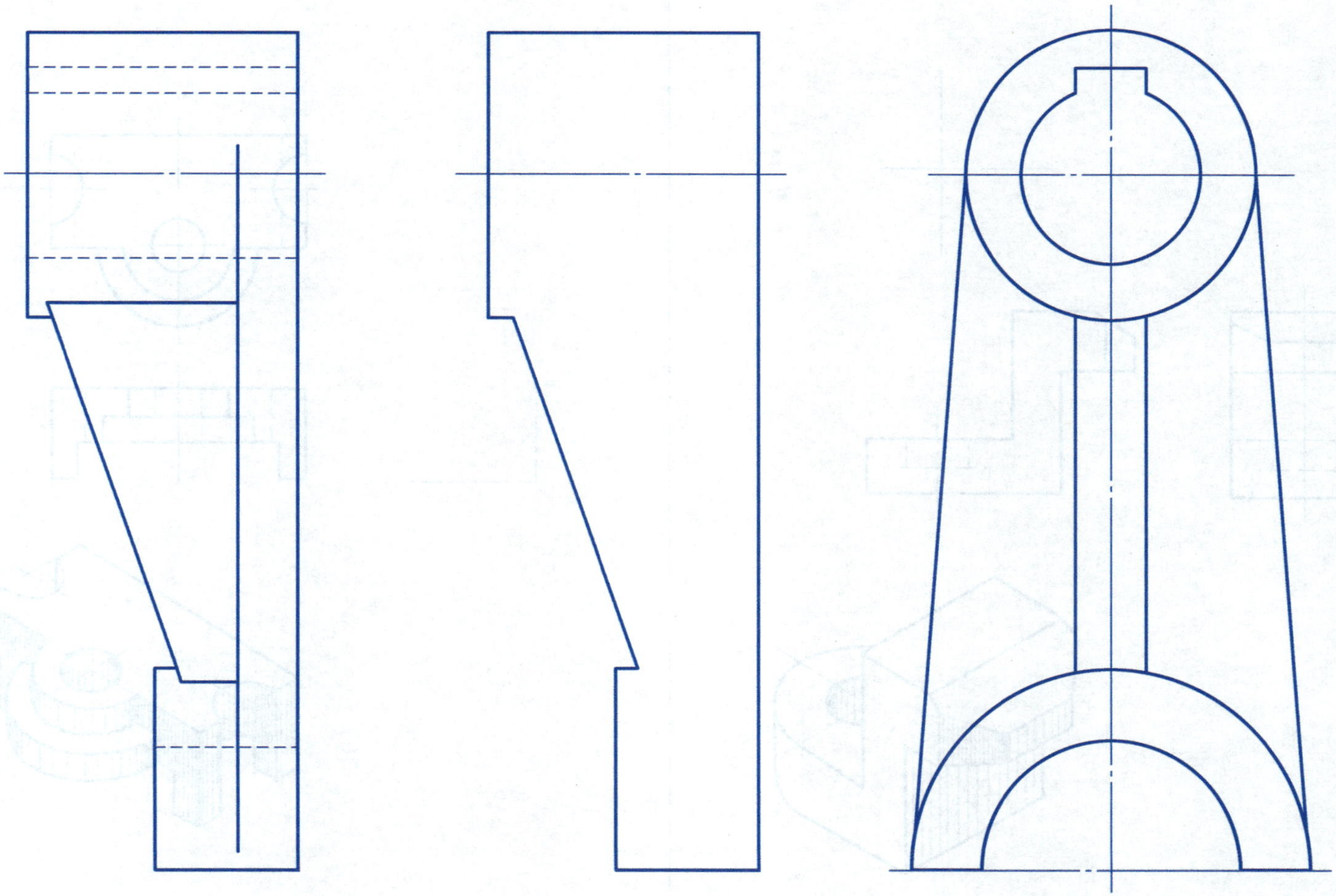

班级____________ 姓名____________ 学号____________

5-19 第三角画法。

1. 根据轴测图、主视图和左视图，补画俯视图。

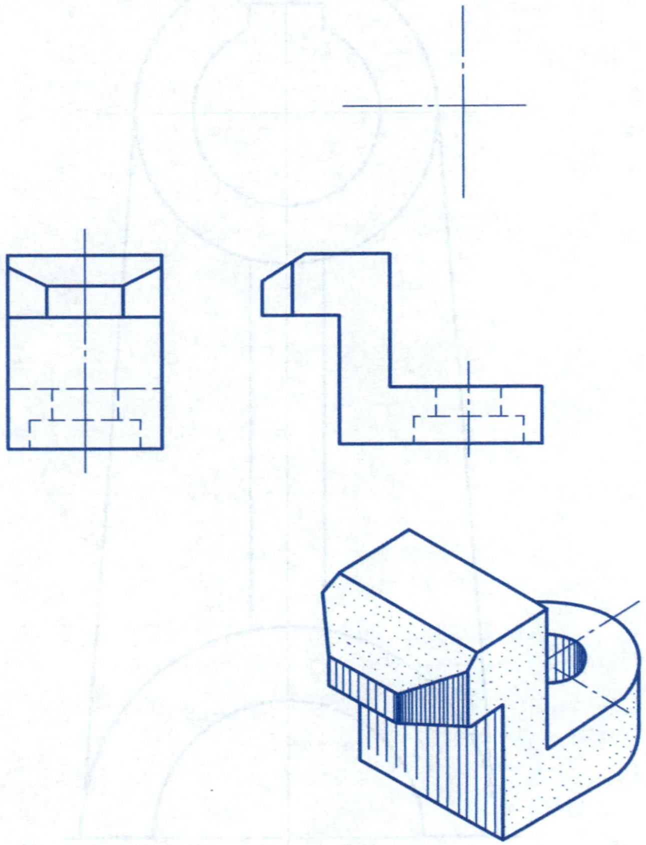

2. 根据轴测图、主视图和俯视图，补画左视图。

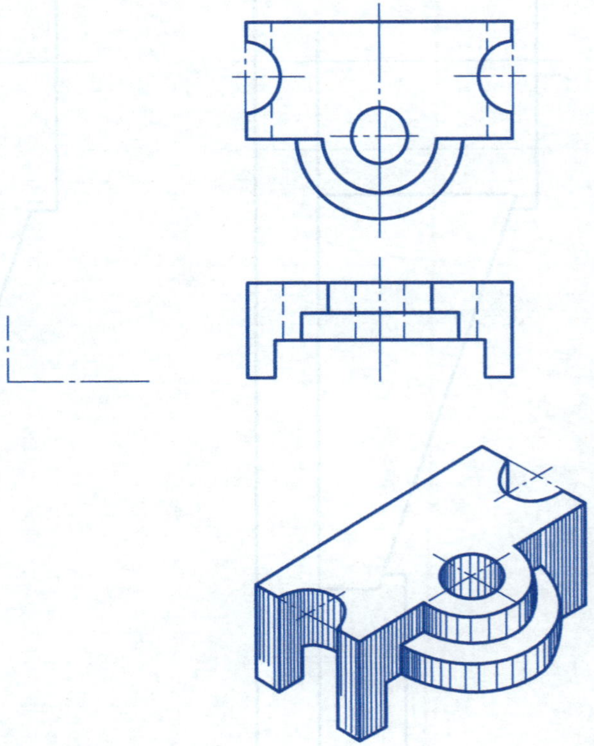

班级________ 姓名________ 学号________

5-20 根据轴测图选择正确的表达方法，画出合理的图样。

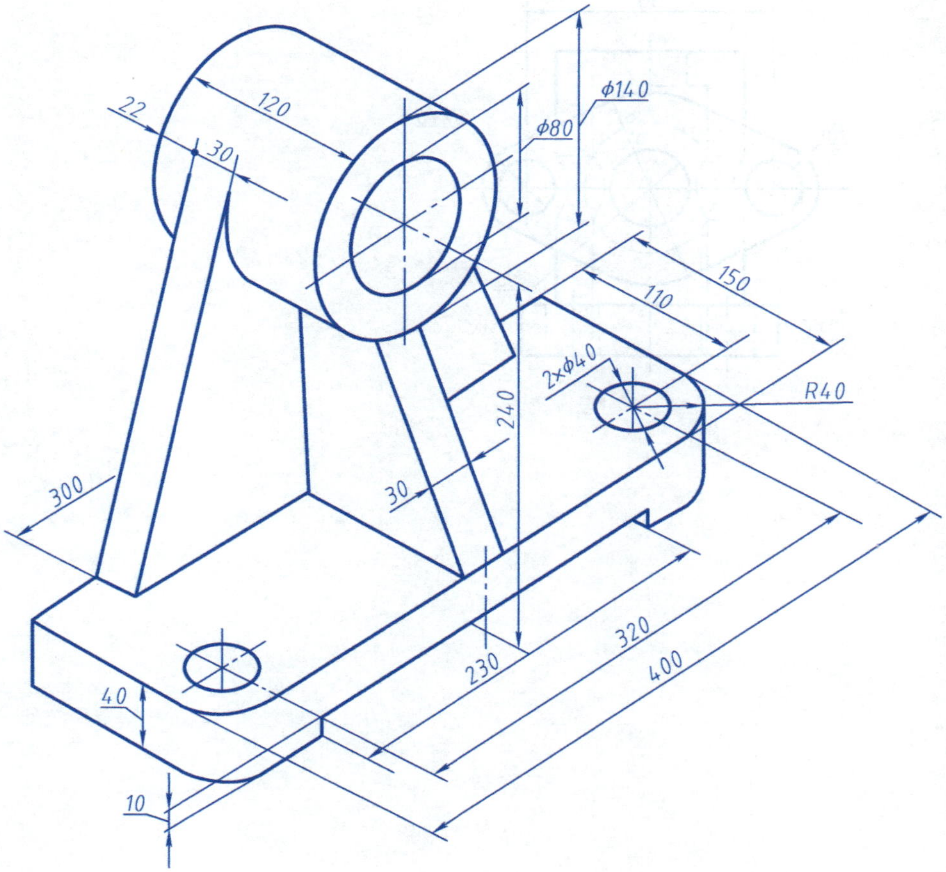

班级________ 姓名________ 学号________

5－21 根据三视图选择正确的表达方法，画出合理的图样。

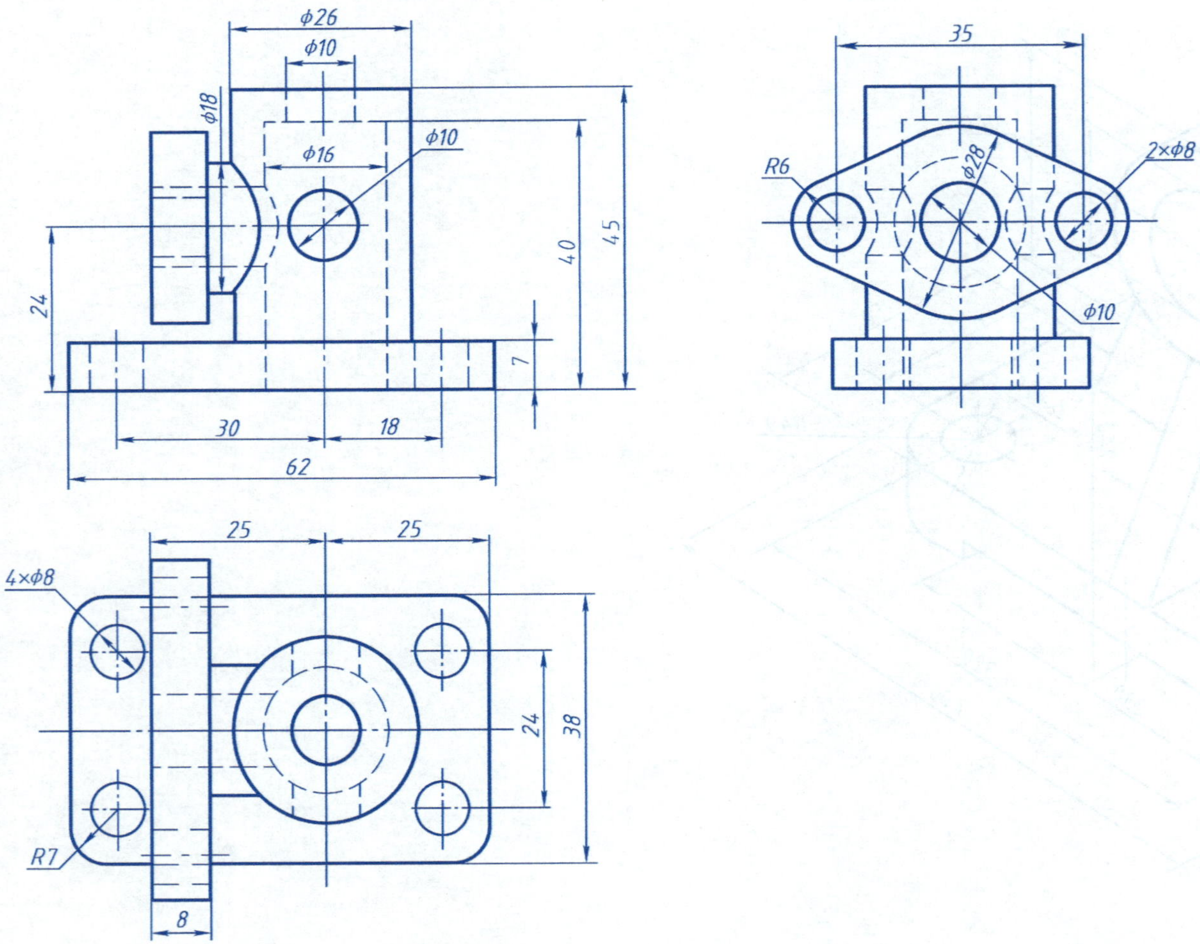

班级________ 姓名________ 学号________

第六章　标准件和常用件的画法及识读

6-1　螺纹孔的加工过程及其钻孔的尖端结构识读。

1. 螺孔的加工过程及其内、外螺纹连接画法。

1）先钻光孔，顶角为120°。

2）再加工成螺孔。

3）内、外螺纹连接画法：其旋合部分按外螺纹的画法绘制，其余部分的画法不变。表示外螺纹的牙顶和牙底线必须分别与内螺纹的牙底和牙顶线对齐。

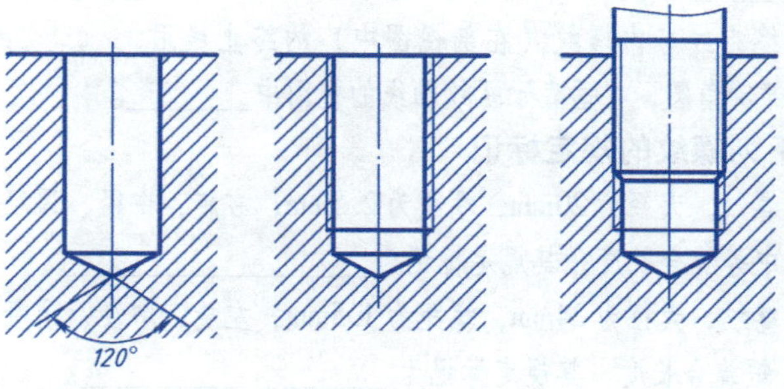

2. 光孔底部120°角的形成及其尺寸注法。

由于钻头的尖角接近120°，用它钻出的不通孔，底部便有个顶角接近120°的圆锥面。在图中，因钻头的尖角而成的圆锥孔，顶角要画成120°，但不必注尺寸，如右侧图b所示。钻孔深度不包括圆锥部分。

扩孔的过渡处也存在部分钻头尖角，如右侧图d所示。作图时要注意画出。

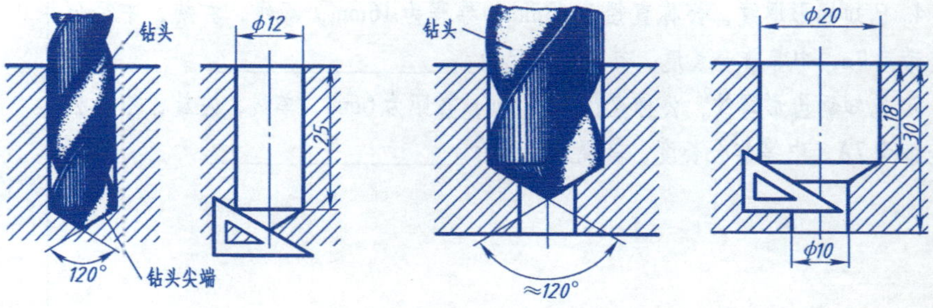

班级________　姓名________　学号________

6-2 解答下列有关螺纹的问题。

一、填空

1. 外螺纹的牙顶用________线表示，牙底用________线表示。在垂直于螺纹轴线的视图中，表示牙底的圆只画________圈。

2. 在剖视图中，螺孔的牙底用________线表示，牙顶用________线表示，剖面线画到________线为止。在端视图中，表示牙底的圆画________圈。

3. 外螺纹的终止线与内螺纹（在剖视图中）的终止线用________线绘制。内、外螺纹端部倒角圆，在垂直于螺纹轴线的视图中________。

二、写出下列螺纹的规定标记

1. 已知普通螺纹，大径为20mm，螺距为2.5mm，右旋，中径、顶径公差带代号皆为6g，中等旋合长度，其规定标记为________________。

2. 已知普通螺纹，大径为24mm，螺距为1.5mm，左旋，中径、顶径公差带代号皆为5H，短旋合长度，其规定标记为________________。

3. 已知用55°非密封管螺纹，尺寸代号为3/4，左旋，其规定标记为________________。

4. 已知梯形螺纹，公称直径为48mm，导程为16mm，双线，右旋，中径公差带为7e，中等旋合长度，其规定标记为________________。

5. 已知锯齿形螺纹，公称直径为32mm，螺距为6mm，单线，左旋，中径公差带为7A，中等旋合长度，其规定标记为________________。

三、按给定的尺寸，根据螺纹规定画法绘出螺纹

1. 外螺纹，螺纹规格 d = M20，螺纹长度为30mm。

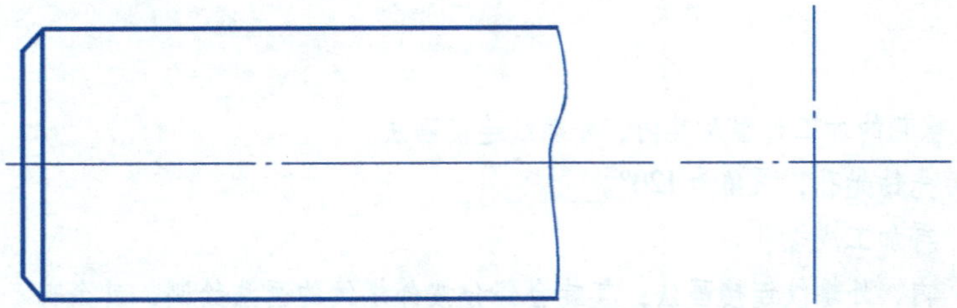

2. 螺纹不通孔，螺纹规格 d = M16，钻孔深度为30mm，螺纹深度为25mm，孔口倒角 $C1.5$。

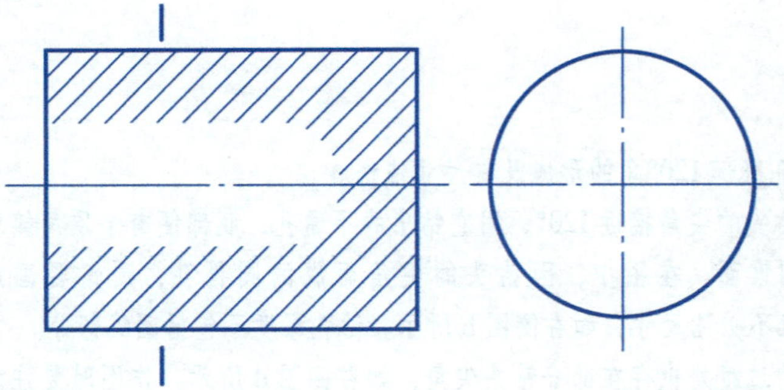

班级________________ 姓名________________ 学号________________

6-3 找出图中螺纹画法的错误，将正确的画在空白处。

1.

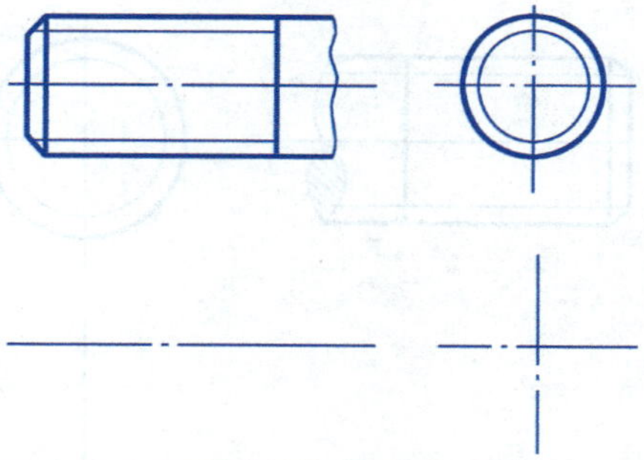

2.

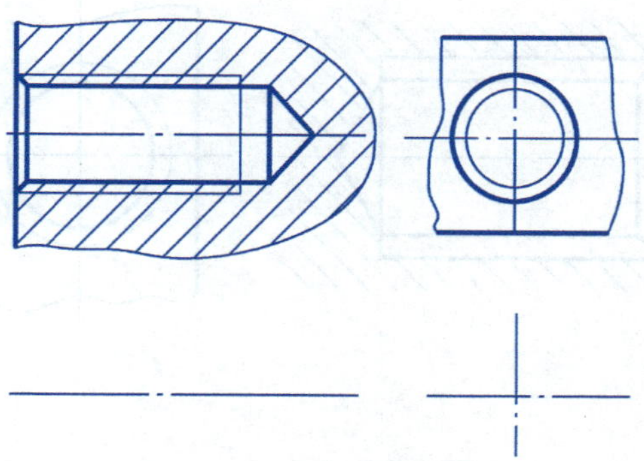

3.

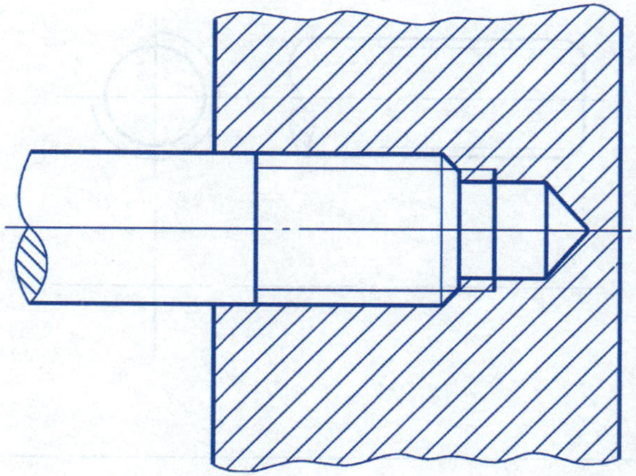

班级________ 姓名________ 学号________

6-3　找出图中螺纹画法的错误，将正确的画在空白处（续）。

4.

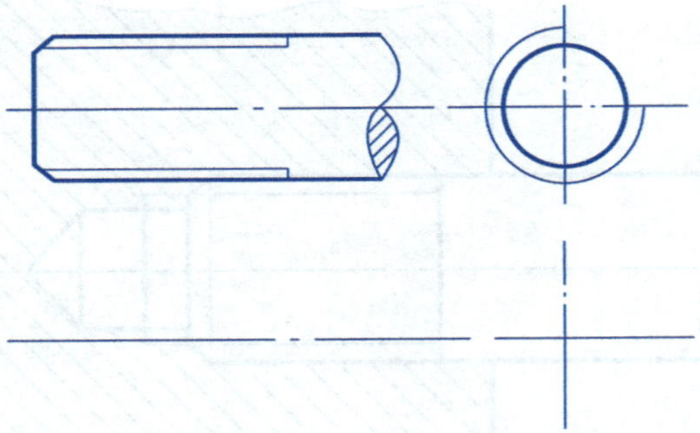

5.

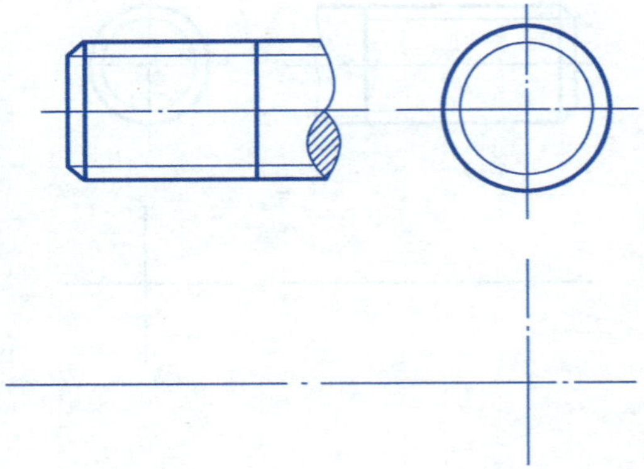

6.

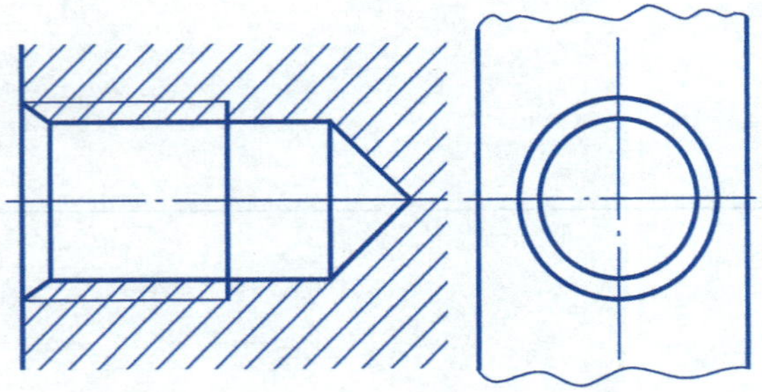

7.

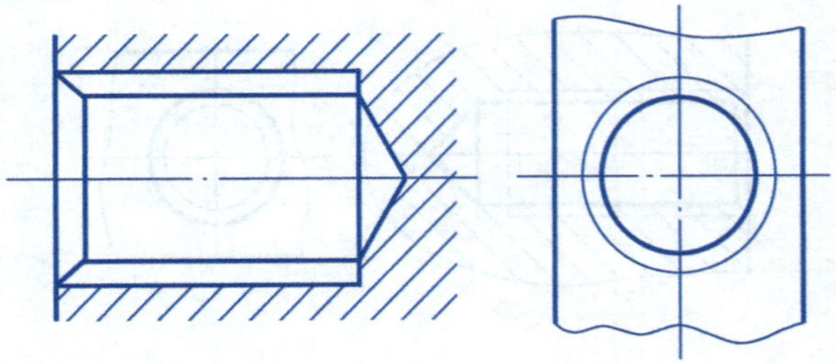

班级________　　姓名________　　学号________

6-4 螺纹连接。

1. 找出图中螺纹画法的错误，将正确的画在空白处。

1）

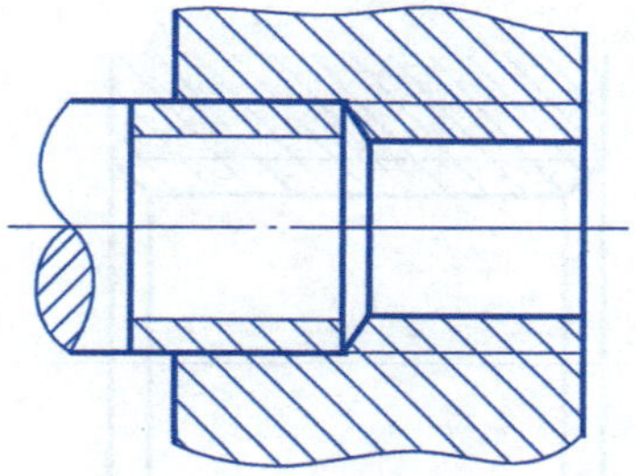

2）

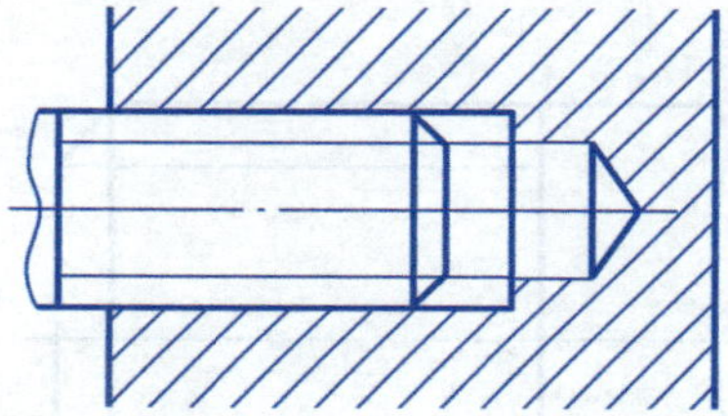

2. 已知图 a 和图 b，且外螺纹旋入长度为 25mm，完成图 c 的螺纹连接。

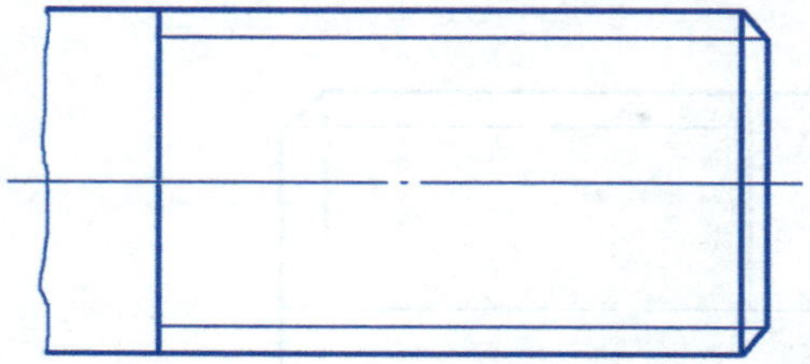

a)

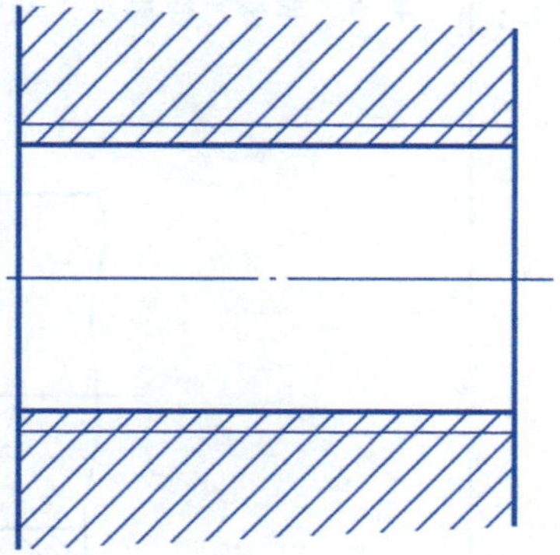

b)

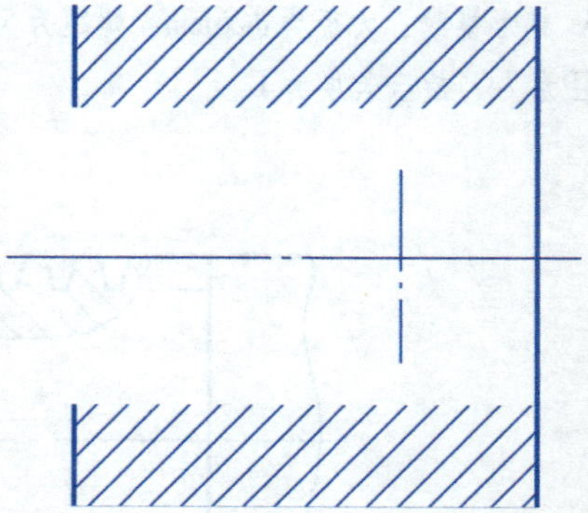

c)

班级________ 姓名________ 学号________

6-5 在图中注出下列螺纹的标记。

1. 普通螺纹，细牙，大径为 ϕ24mm，螺距为 1.5mm，右旋，螺纹公差带代号：中径为 5g，顶径为 6g。

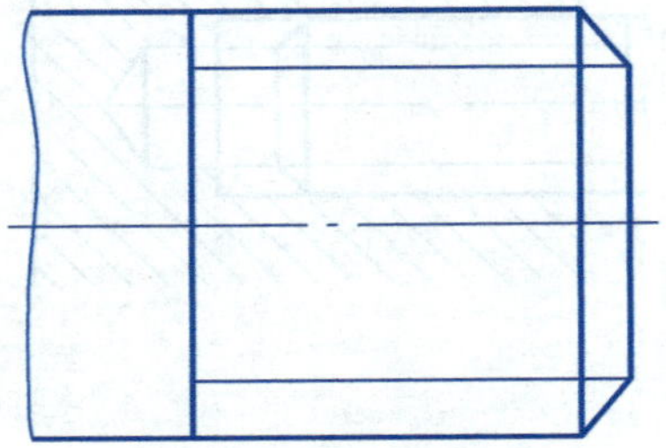

2. 普通螺纹，粗牙，大径为 ϕ24mm，螺距为 3mm，右旋，螺纹公差带代号：中径、顶径均为 6H。

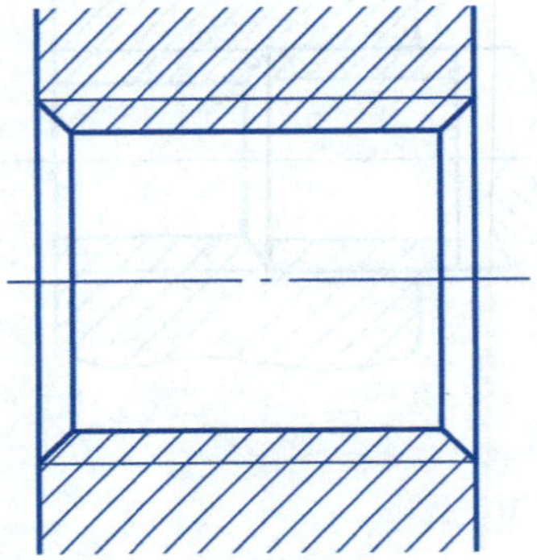

3. 梯形螺纹，大径为 ϕ26mm，螺距为 5mm，双线，右旋，螺纹公差带代号：中径为 7e，旋合长度为 L。

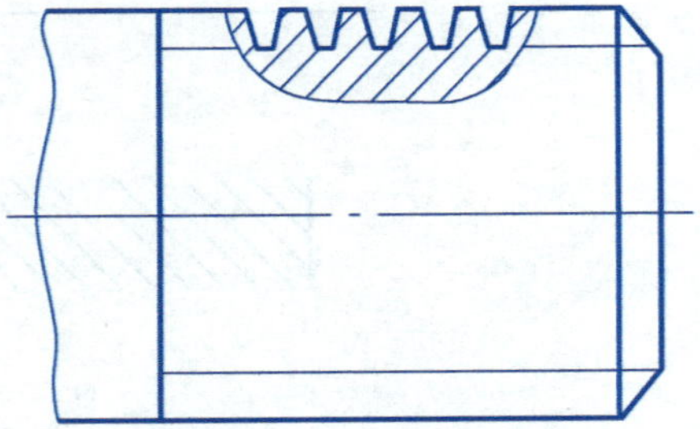

4. 55° 非密封管螺纹，尺寸代号为 3/4，公差等级 A。

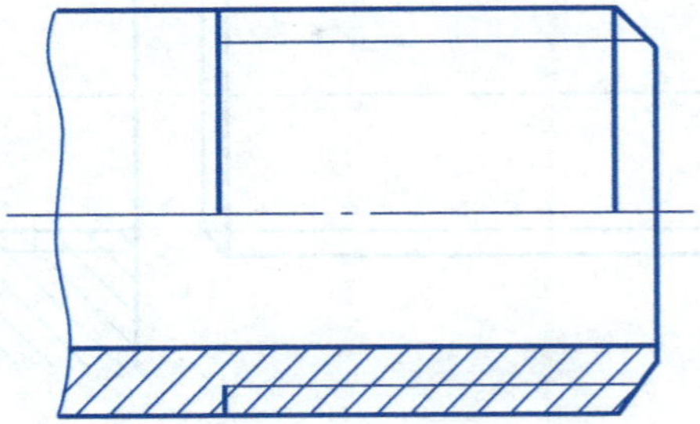

班级__________ 姓名__________ 学号__________

6-6 查表确定下列各连接件的尺寸，并写出规定标记。

1. 六角头螺栓-C级。

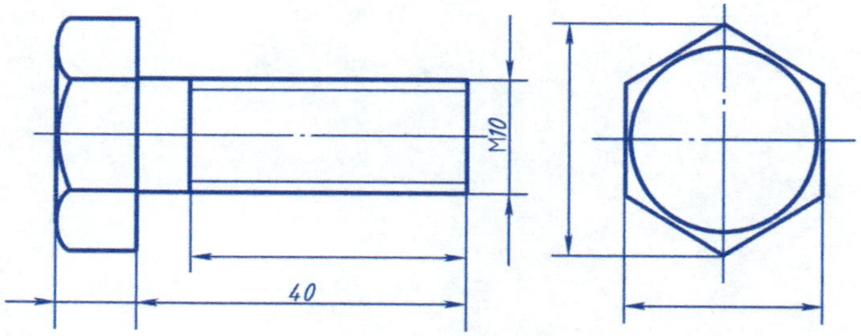

规定标记________________

2. 1型六角螺母-A级。

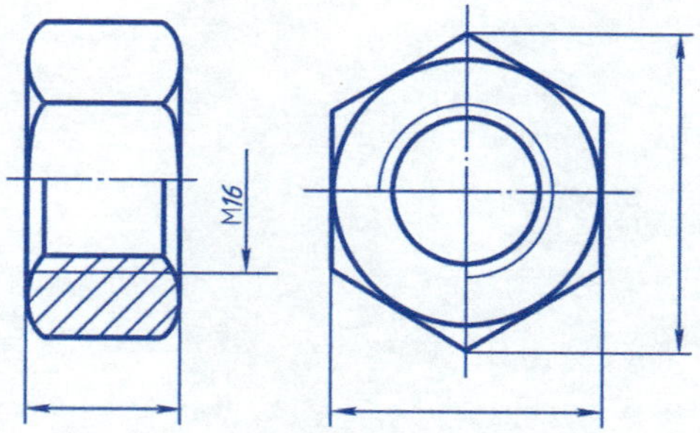

规定标记________________

3. 双头螺柱（B型，$b_m=1.25d$）。

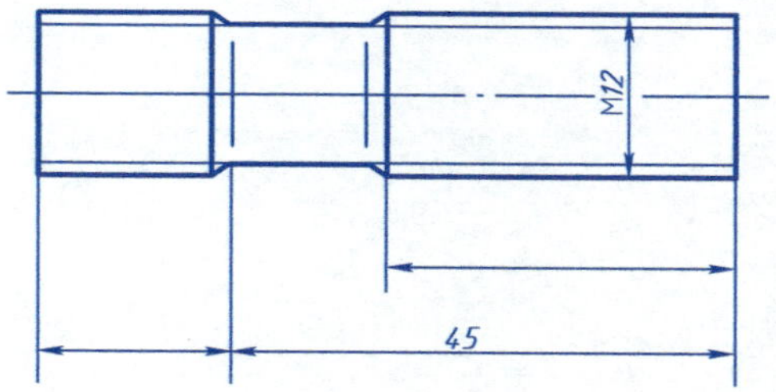

规定标记________________

4. 平垫圈倒角型-A级。

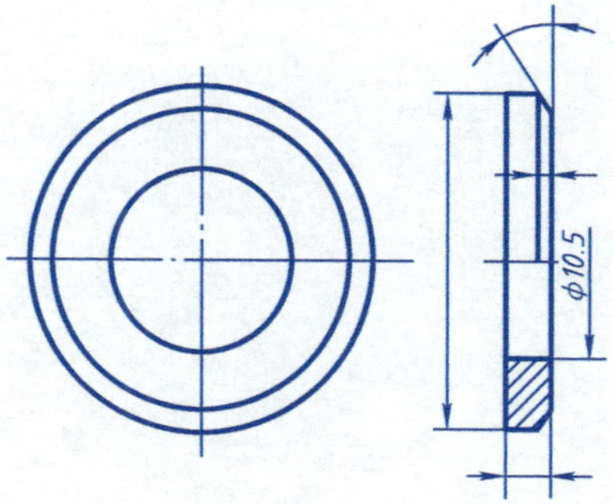

规定标记________________

班级__________ 姓名__________ 学号__________

6-7 用简化画法画出下面螺纹连接件的主、俯视图（比例为1:1）。

1. 已知螺栓 M12（GB/T 5780—2000），螺母 M12（GB/T 41—2000），平垫圈 12（GB/T 97.1—2002），被连接件厚度 t_1 =20mm，t_2 =25mm。

2. 已知双头螺柱 M12（GB/T 899—1988），螺母 M12（GB/T 41—2000），平垫圈 12mm（GB/T 97.1—2002），被连接件厚度 t =30mm。

班级________ 姓名________ 学号________

6-8 螺纹连接作业。

作 业 要 求

1. 内容：用简化画法画出螺栓连接的三视图和双头螺柱连接的两面视图。

1）已知螺栓 M20，螺母 M20，平垫圈 20，被连接件厚度 $t_1=20$mm，$t_2=30$mm。

2）已知双头螺柱 M16，螺母 M16，弹簧垫圈 16，被连接件厚度 $t=25$mm，螺孔零件材料为铸铁。

2. 目的：巩固螺纹连接件所学知识，掌握“简化画法”的作图方法。

3. 要求：

1）用 A3 图纸，建议采用 1:1 的比例。

2）按给出的螺纹大径和被连接件厚度等已知条件，计算出画图所需的尺寸，合理布图。

班级＿＿＿＿＿＿＿＿　姓名＿＿＿＿＿＿＿＿　学号＿＿＿＿＿＿＿＿

6-9 已知直齿圆柱齿轮 $m=5mm$、$z=40$，轮齿端部倒角 $C2.5$，完成齿轮工作图（比例为1:2），并标注尺寸。

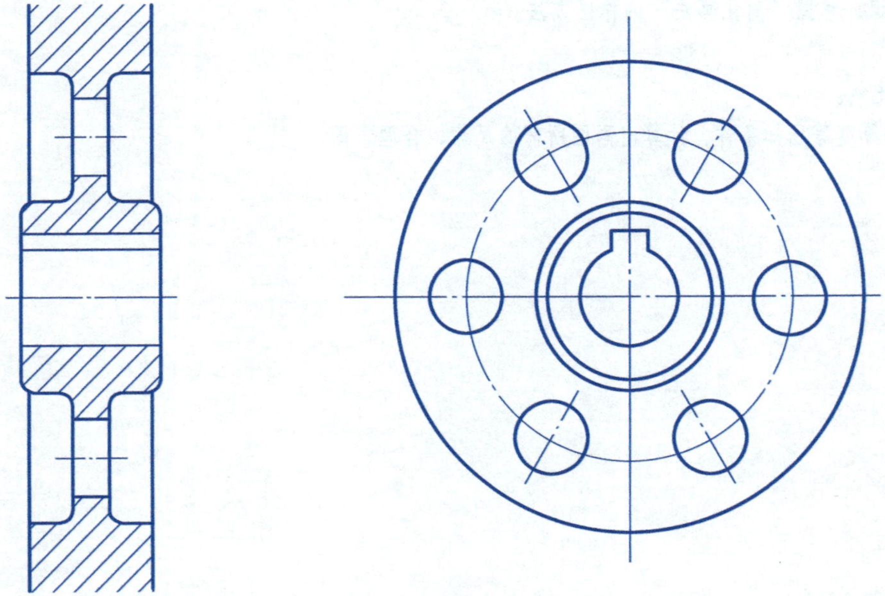

班级______ 姓名______ 学号______

6-10 完成一对啮合的直齿圆柱齿轮（$z_1=19$，$z_2=37$）的两面视图。

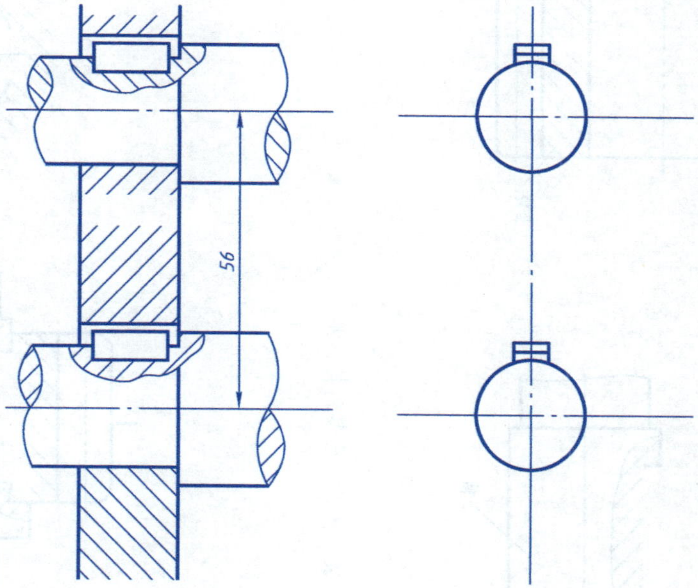

班级________ 姓名________ 学号________

6-11　已知齿轮和轴，用A型普通平键连接。轴孔直径为40 mm，键的长度为40mm。

1. 查表确定键和键槽的尺寸，按1:2的比例补全轴和齿轮的图形，并标注键槽尺寸。

2. 写出键的规定标记。

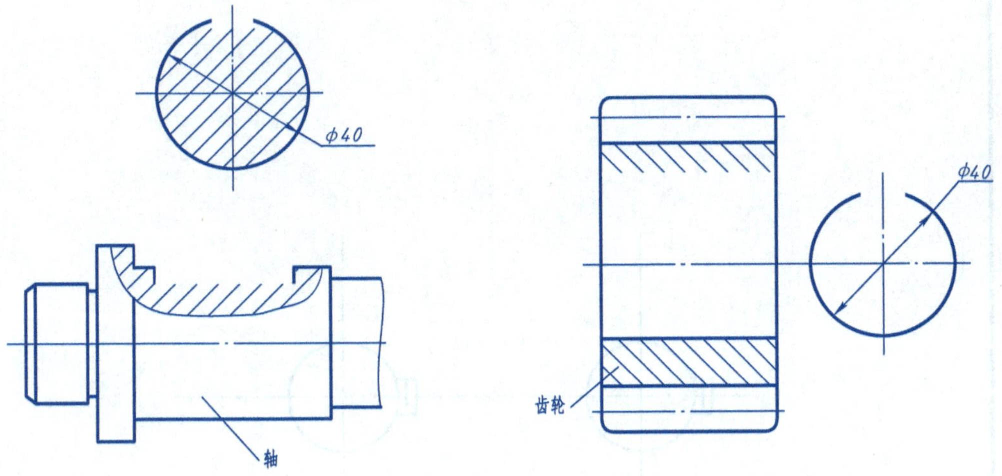

3. 用键将轴和齿轮连接起来，补全其连接图形。

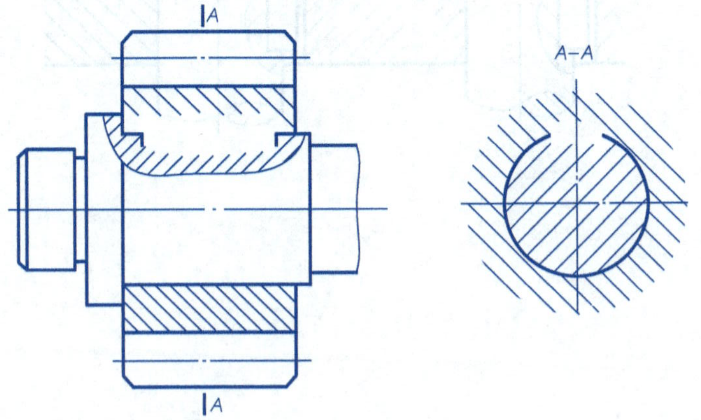

班级______ 姓名______ 学号______

6-12 完成图b圆锥销连接，并写出销（GB/T 117—2000）的标记。

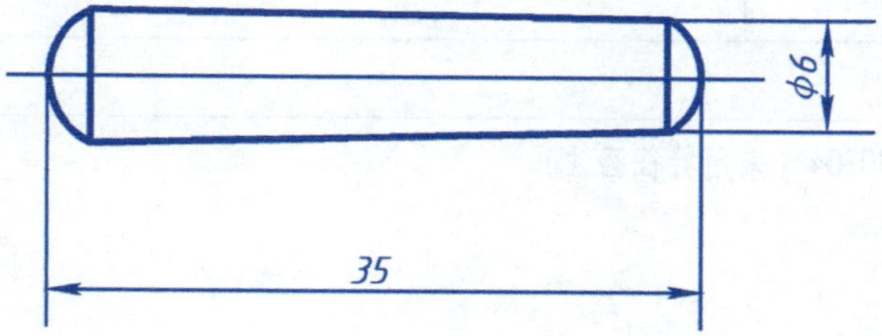

a)

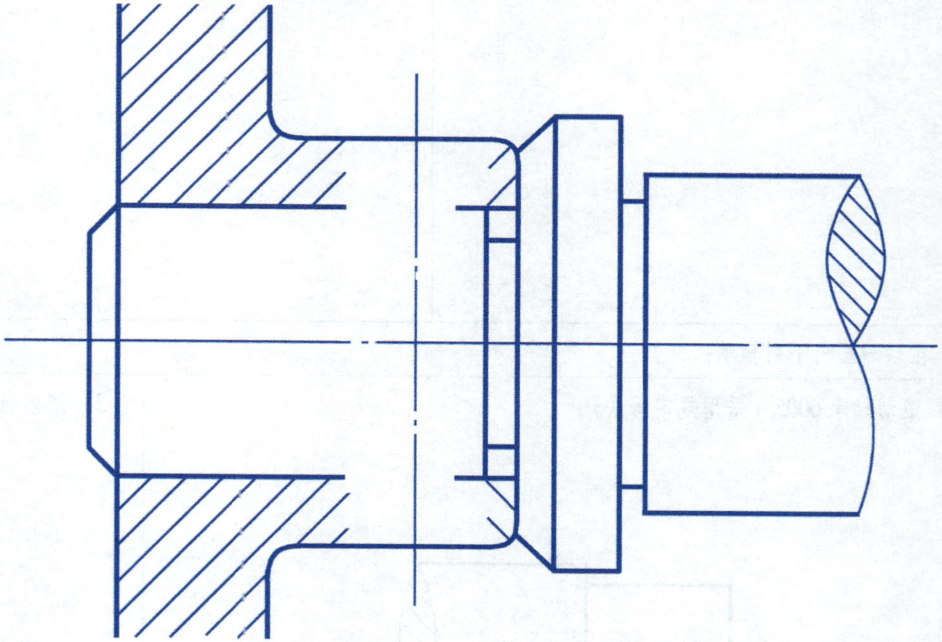

b)

圆锥销的标记________________________________

班级__________________ 姓名__________________ 学号__________________

6-13 滚动轴承。

1. 解释下列滚动轴承代号的含义：

1）6408

2）32306

3）51420

2. 在轴端画出下列轴承：

1）滚动轴承6005（采用规定画法）

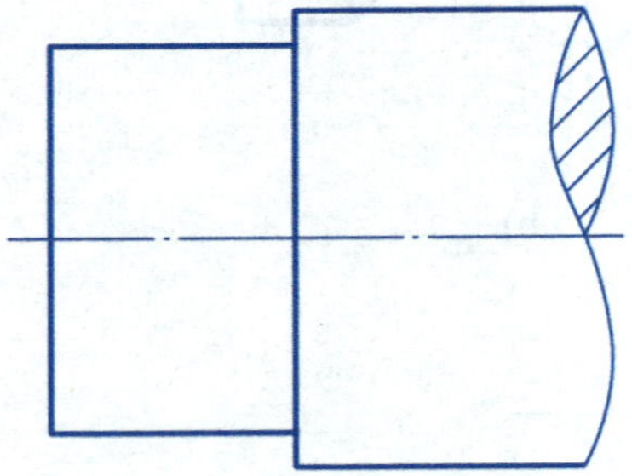

2）滚动轴承30304（采用特征画法）

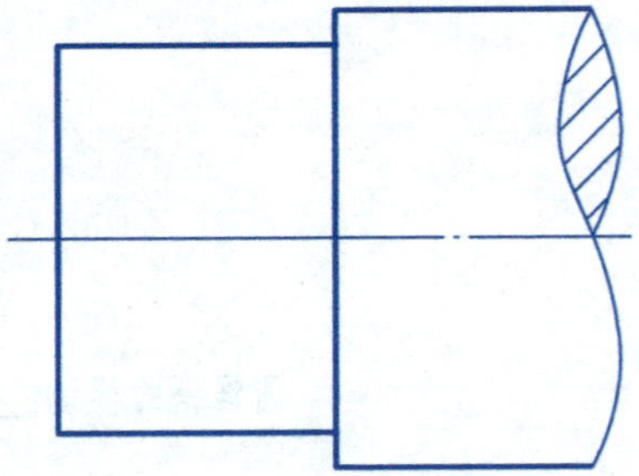

班级____________ 姓名____________ 学号____________

第七章　零　件　图

7-1　技术要求。

1. 把指定各部位的表面粗糙度要求用代号标注在图上。

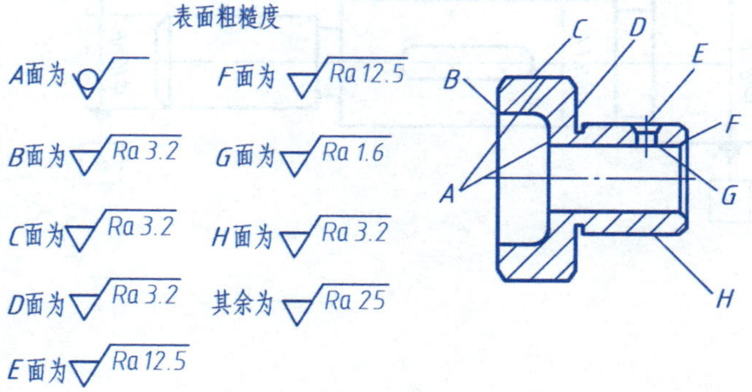

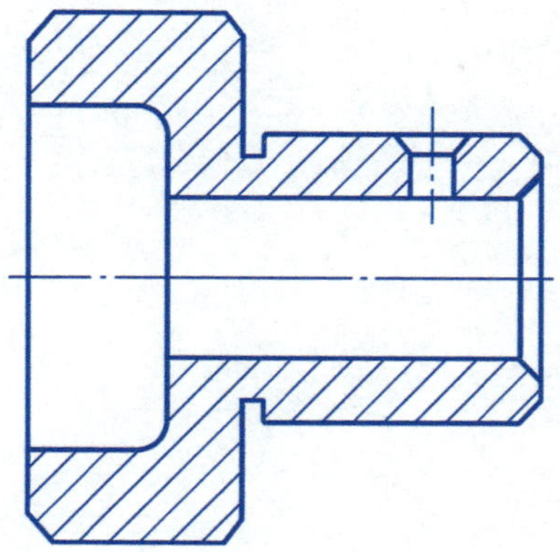

2. 已知孔的公称尺寸为 ϕ30mm，公差带代号为 H7；轴的公称尺寸为 ϕ20mm，公差带代号为 f7。

1）孔的上极限偏差为________，下极限偏差为________，公差为________。

2）轴的上极限偏差为________，下极限偏差为________，公差为________。

3）以极限偏差形式标注孔、轴的尺寸。

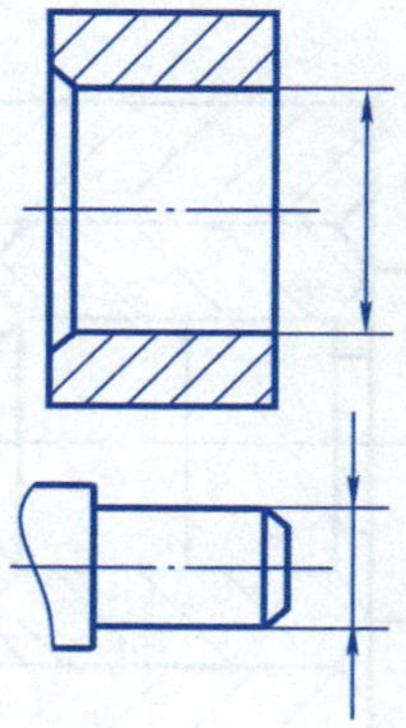

3. 根据配合代号，在零件图上分别标出轴和孔的极限偏差值，并指出其配合的种类。

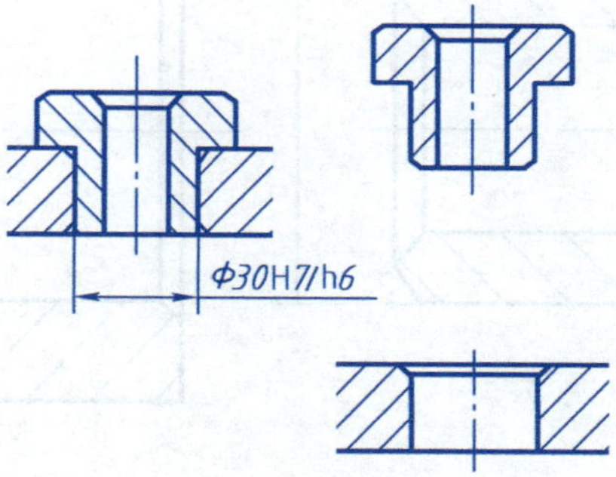

班级________　　姓名________　　学号________

4. 根据轴和孔的极限偏差值，在装配图上注出其配合代号。

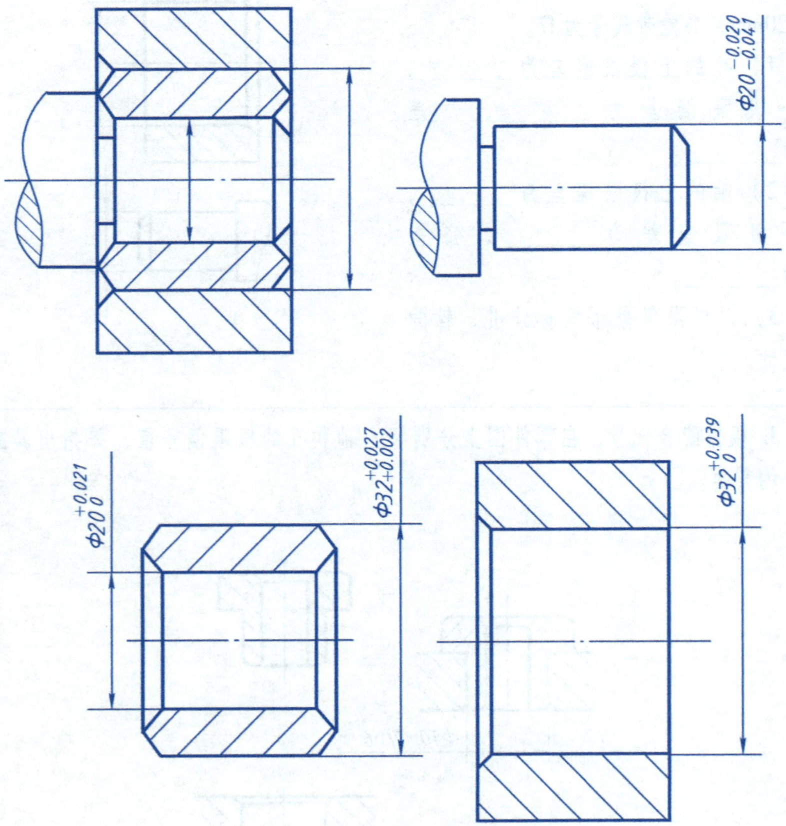

5. 识读阶梯轴所注几何公差并解释框格的含义。

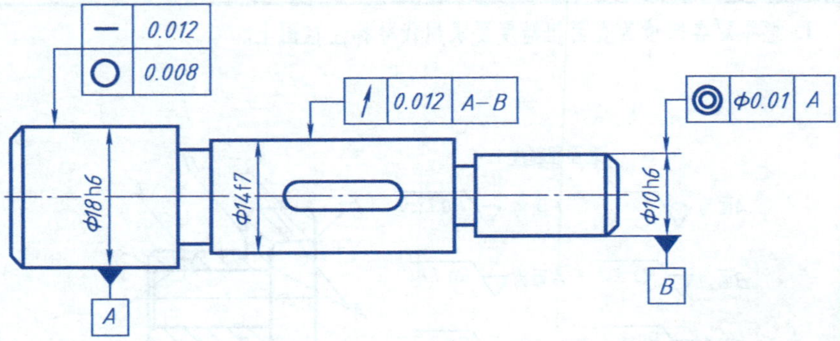

班级________ 姓名________ 学号________

7-2 指出图a所示零件图上表面粗糙度标注的错误，并在图b上进行正确标注。

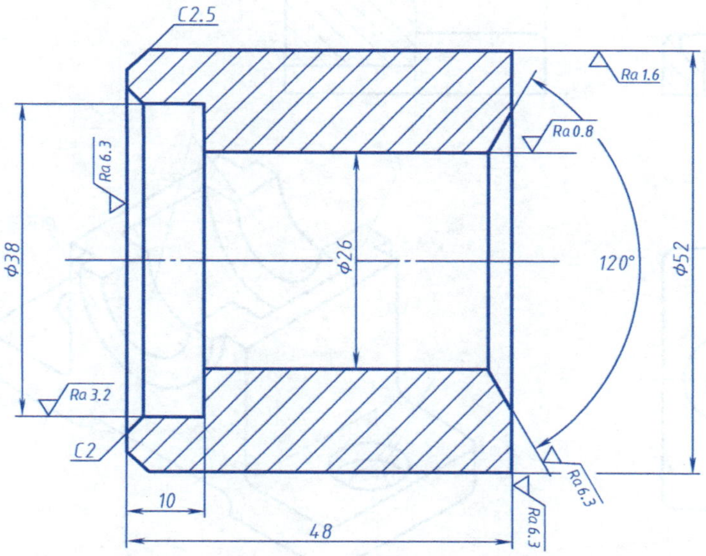

a)

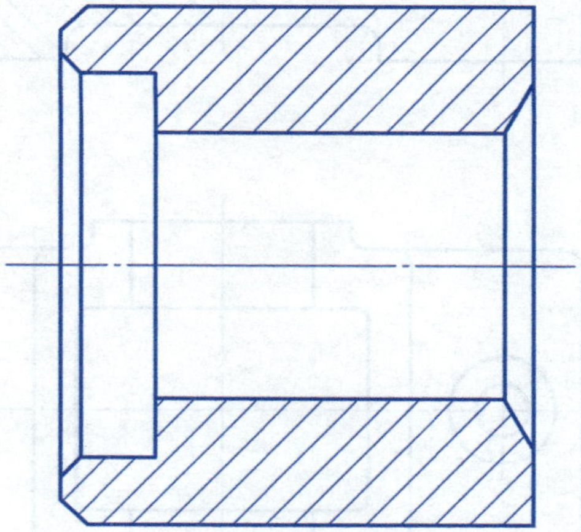
b)

班级________ 姓名________ 学号________

7-3 根据表中所给的表面粗糙度值，在视图中标注相应的表面粗糙度代号。

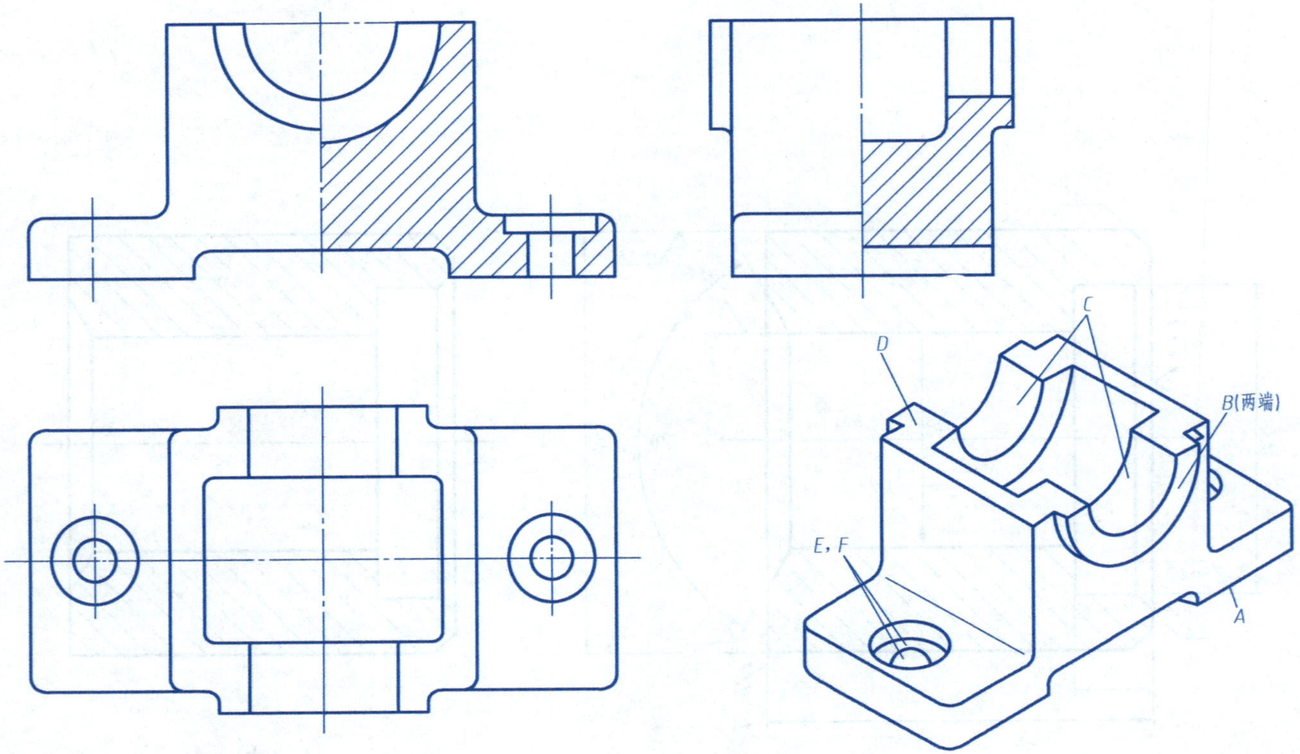

表面	A，B	C	D	E，F
Ra	12.5	3.2	6.3	25

班级________ 姓名________ 学号________

7-4 解释图中所示几何公差的含义。

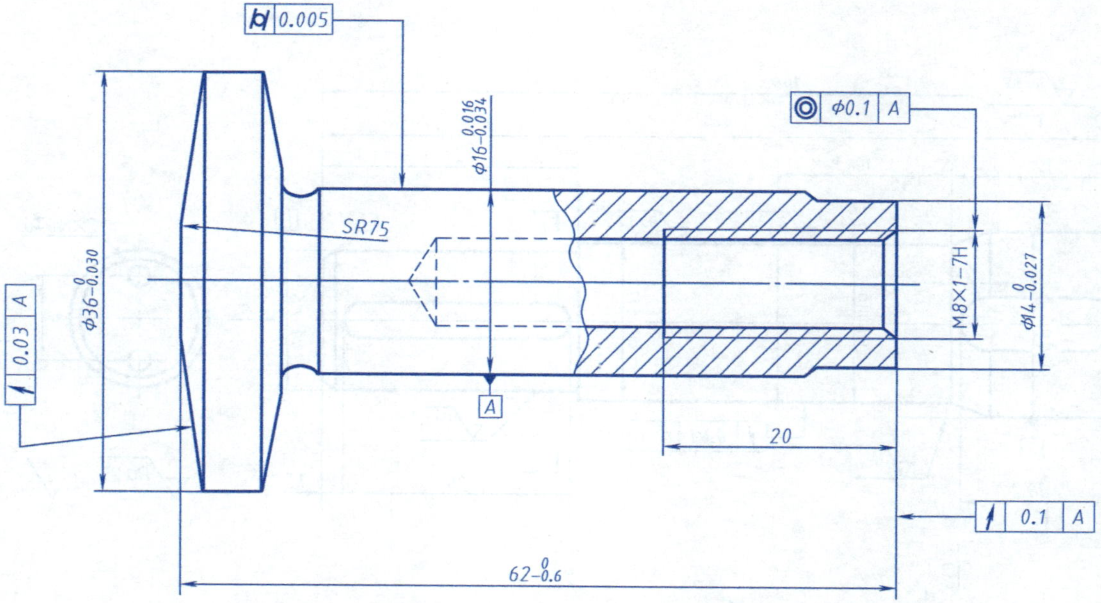

1. [圆柱度] 0.005 ____________________。

2. [圆跳动] 0.03 A ____________________。

3. [同轴度] Φ0.1 A ____________________。

4. [圆跳动] 0.1 A ____________________。

班级__________ 姓名__________ 学号__________

7-5 读轴的零件图并回答问题。

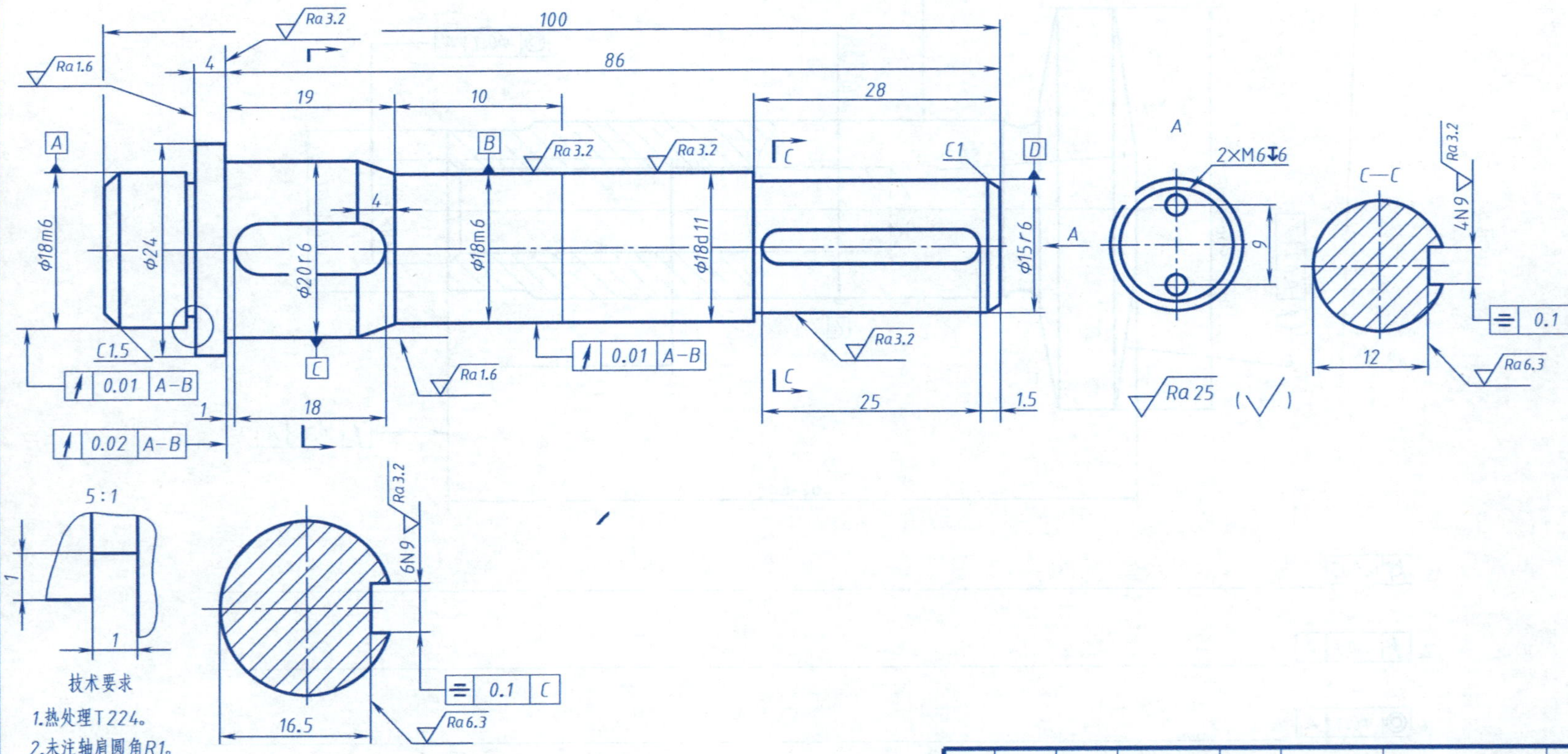

技术要求

1.热处理T224。

2.未注轴肩圆角R1。

						45	（单位名称）
标记	处数	分区	更改文件号	签名	年、月、日		轴
设计	（签名）	（年月日）	标准化	（签名）	（年月日）	阶段标记 重量 比例	
审核						1:1	
工艺			批准			共1张 第1张	

班级________ 姓名________ 学号________

7-5 读轴的零件图并回答问题（续）。

1. 零件采用的表达视图有________图、________图、________图、________图和________图。

2. 零件上长度方向的主要基准是________；左侧键槽的定位尺寸是________；长度为________，宽度为________，深度为________。

3. ϕ18m6 的含义：ϕ18 为________，m6 为____________，其中 m 表示____________，6 表示____________。

4. 尺寸 *C*1.5 中，1.5 表示________。2×M6↧6 表示________。该零件有________处退刀槽，宽度为________。

5. | ⌯ | 0.1 | *D* | 表示____。

班级______________　　姓名______________　　学号______________

7-6 读端盖零件图并回答问题。

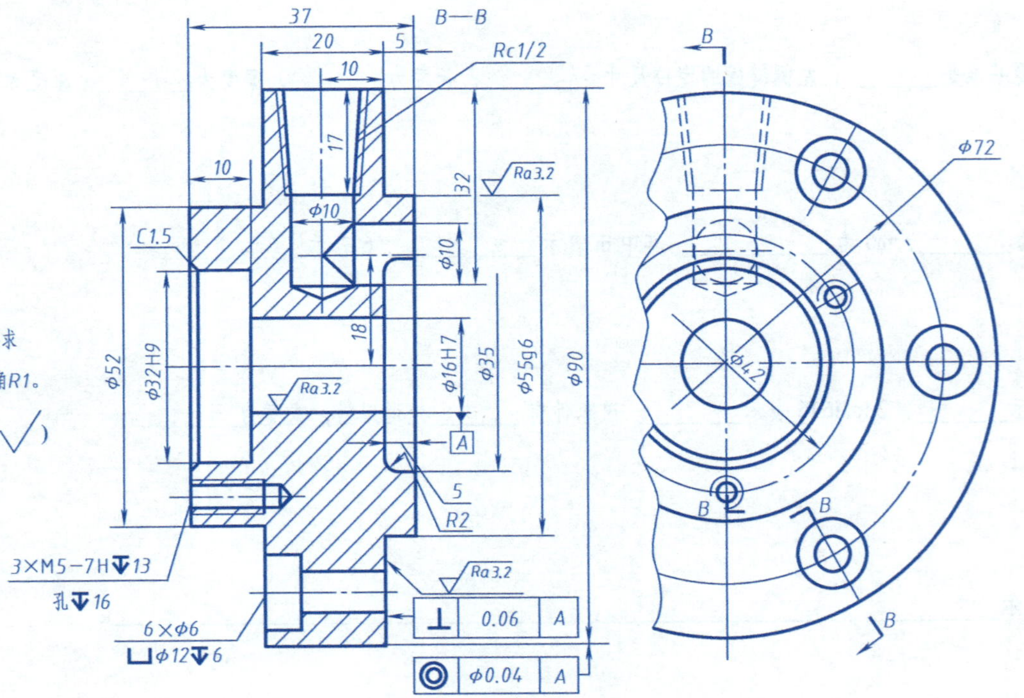

技术要求

未注圆角R1。

Ra（√）

标记	处数	分区	更改文件号	签名	年、月、日			（单位名称）
设计	（签名）	（年月日）	标准化	（签名）	（年月日）	阶段标记	重量	比例
审核								1:2
工艺			批准			共1张	第1张	端盖

班级__________ 姓名__________ 学号__________

7-6 读端盖零件图并回答问题（续）。

1. 零件图为了表达其结构形状采用了________图与________图。*B*—*B* 为__________________的全剖视图。

2. 零件上长度方向尺寸的主要基准是_______________。

3. ϕ16H7 的含义：ϕ16 为________，H7 为________，其中 H 表示________，是________制，7 表示________。

4. 零件图上有________处几何公差，分别为________和________，其基准是________。

5. 该零件左端面凸缘有________个螺孔，公称尺寸是________，螺孔长度是________。

6. 该零件左端面有________个沉孔，孔径尺寸是________，沉孔尺寸是________。

7. 画出右视外形图。

班级__________________　　姓名__________________　　学号__________________

7-7 读拨叉零件图并回答问题。

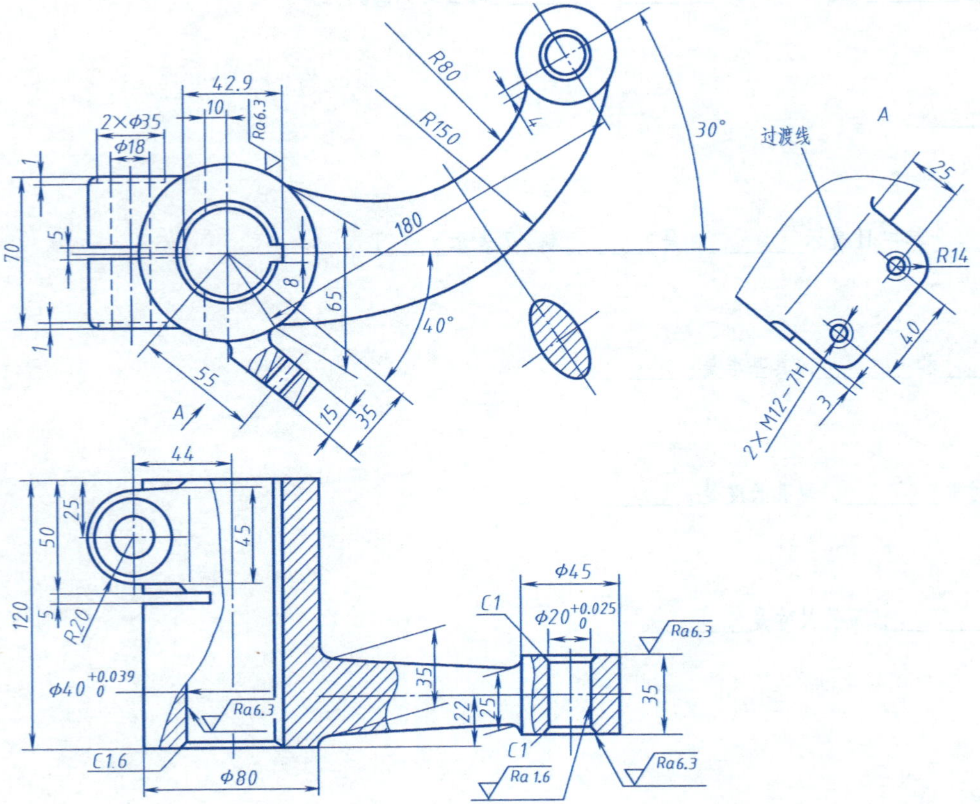

技术要求

1. 未注圆角R2～R4。
2. 不加工的表面腻平喷漆。
3. 铸件不得有砂眼、裂纹。

$\sqrt{Ra\ 12.5}$ ($\sqrt{}$)

						HT150		(单位名称)
标记	处数	分区	更改文件号	签名	年、月、日			拨叉
设计	(签名)	(年月日)	标准化	(签名)	(年月日)	阶段标记	重量	比例
审核								1:2
工艺			批准			共1张		第1张

班级________ 姓名________ 学号________

7-7 读拨叉零件图并回答问题（续）。

1. 该零件图为了表达其结构形状采用了__________视图、__________视图、______________视图和__________视图。

2. 在图中用指引线标出长、宽、高三个方向的主要尺寸基准。

3. $\phi 20^{+0.025}_{0}$ mm 孔的定位尺寸是__________________。

4. $\phi 18$mm 孔的定位尺寸是__________________。

5. 用文字和指引线标出图中过渡线的投影。

班级__________________ 姓名__________________ 学号__________________

7-8 读懂阀体零件图，补画左视图外形图。

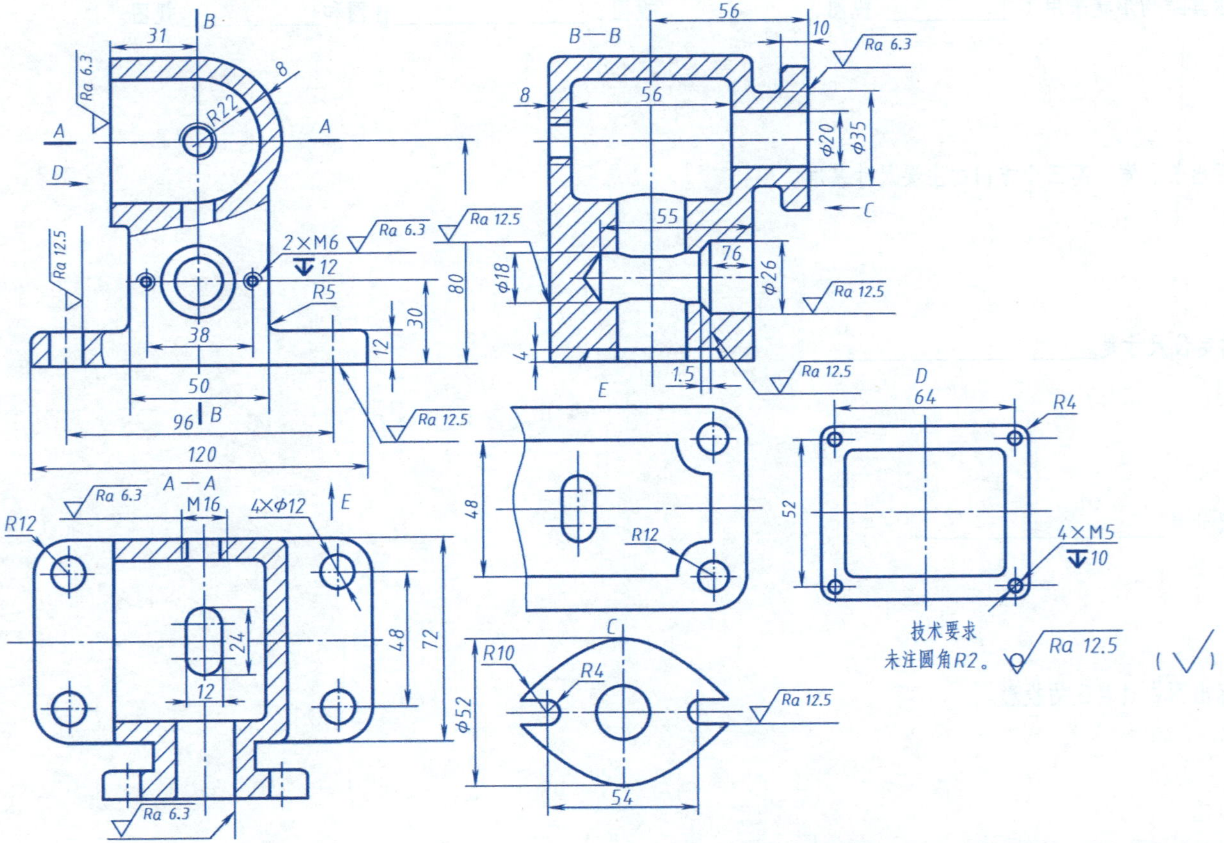

						HT150	(单位名称)
标记	处数	分区	更改文件号	签名	年、月、日		阀体
设计	(签名)	(年月日)	标准化	(签名)	(年月日)	阶段标记 重量 比例	
审核						1:2	
工艺			批准			共1张 第1张	

班级______ 姓名______ 学号______

7-8 读懂阀体零件图，补画左视图外形图（续）。

1. 该零件名称是________，属于________类零件，在机器中主要起________的作用。零件材料是________，具有________零件的工艺特点。

2. 该零件图采用的视图有________、________、________、________、________、________和________。

3. 主视图采用了________剖视，主要表达了阀体________，俯视图 *A—A* 为________视图，表达了________。

4. 左视图采用了________视图，表达了________________情况。*C* 向视图表达了________________，*D* 向视图表达了________________，*E* 向视图表达了________________。

班级________________ 姓名________________ 学号________________

第八章　装　配　图

8-1　识读钻模装配图，回答问题并拆画零件图。

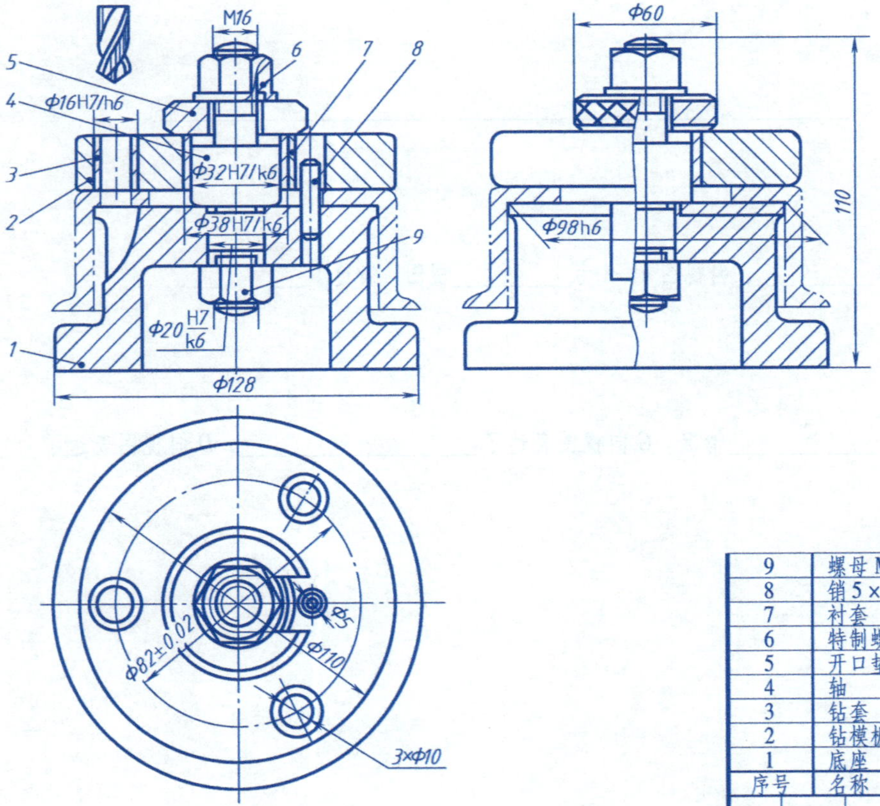

序号	名称	数量	材料	备注
9	螺母 M16	1		GB/T 6170—2000
8	销 5×30	1		GB/T 119.1—2000
7	衬套	1	45	
6	特制螺母	1	35	
5	开口垫圈	1	45	
4	轴	1	45	
3	钻套	3	T8	
2	钻模板	1	45	
1	底座	1	HT150	

标记	处数	分区	更改文件号	签名	年、月、日		（单位名称）
设计	（签名）	（年月日）	标准化	（签名）	（年月日）	阶段标记 重量 比例	钻模
审核						1:1	
工艺			批准			共1张　第1张	

班级________　姓名________　学号________

8-1 识读钻模装配图，回答问题并拆画零件图（续）。

1. 装配体的名称是________，由________种零件组成。

2. 装配图由________个视图组成。主视图采用了________剖视，俯视图采用了________剖视，左视图采用了________剖视的表达方法。

3. 件2与件3是________配合，件4与件7是________配合，件7与件2是________配合。

4. 拆卸工件时应先旋松________号件，然后拿下钻模板，取出被加工的零件；钻模上装夹的工件共钻________个孔。

5. 拆绘件1、2、3、4、5、9（教师可根据不同要求选题）。

班级________ 姓名________ 学号________

8-2 识读旋塞阀装配图，回答问题并拆画零件图。

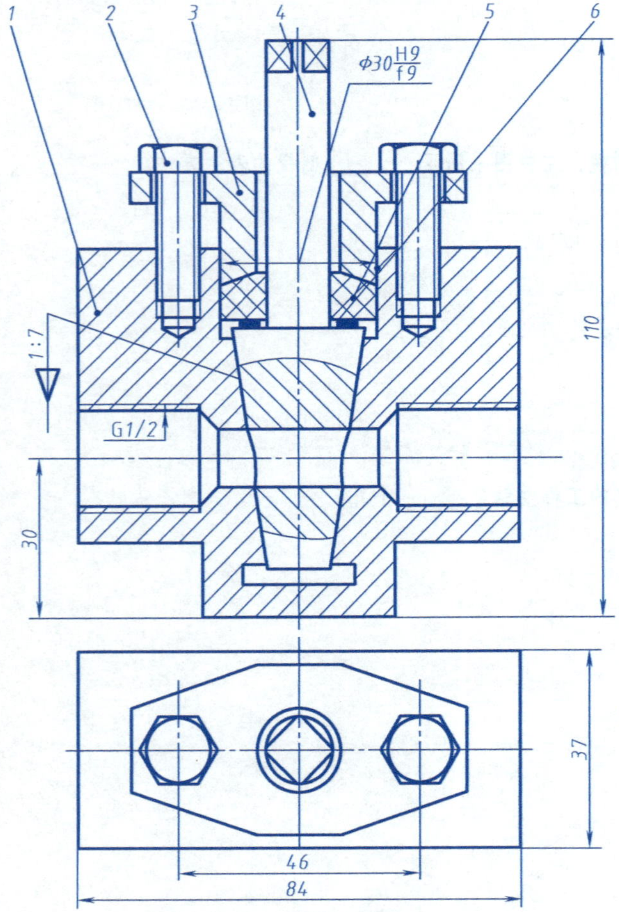

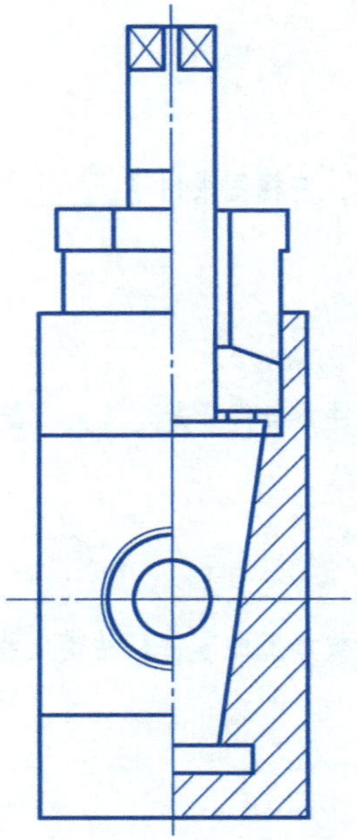

技术要求

安装后需要进行压力试验。

序号	代号	名称	数量	材料	单件重量	总计重量	备注
6	GB/T 97.1—2002	垫圈 12	1				
5	CZF-04	填料	1	石棉绳			
4	CZF-03	阀芯	1	35			
3	CZF-02	填料压盖	1	35			
2	GB/T 5783—2000	螺钉 M8×40	1	Q235			
1	CZF-01	阀体	1	35			

标记	处数	分区	更改文件号	签名	年、月、日				(单位名称)
设计	(签名)	(年月日)	标准化	(签名)	(年月日)	阶段标记	重量	比例	旋塞阀
审核								1:1	CZF-00
工艺			批准			共 1 张		第 1 张	A3

班级________ 姓名________ 学号________

8-2 识读旋塞阀装配图，回答问题并拆画零件图（续）。

1. 旋塞阀的工作位置是阀芯4垂直向下，进、出口通道处于水平位置，未打开状态，流体从________侧流入，从________侧流出。

2. 将阀芯4旋转________后，则处于关闭状态。

3. 在阀芯4和阀体1之间装有填料5（石棉绳），拧紧________，通过压盖将填料压紧，起到密封作用。

4. 拆画阀体1的零件工作图。

班级________ 姓名________ 学号________

8-3 读安全阀装配图，回答问题并拆画零件图。

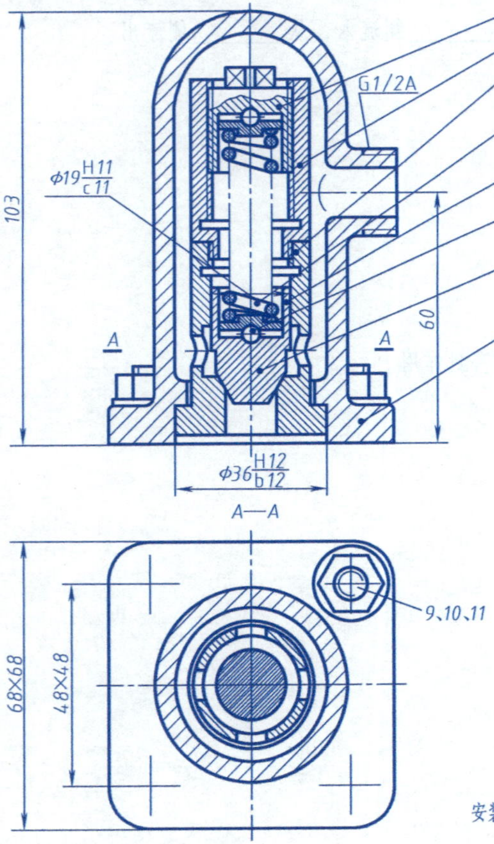

技术要求
安装后需要进行压力试验。

序号	代号	名称	数量	材料	单件重量	总计重量	备注
11	GB/T 5783—2000	螺栓 M8×30	4	Q235A			
10	GB/T 6170—2000	螺母 M8	4	Q235A			
9	GB/T 97.1—2002	垫圈 8	4	Q235A			
8	AQF-07	调节座	1	Q235A			
7	AQF-06	弹簧箱	1	Q235A			
6	AQF-05	阀体	1	30Cr13			
5	AQF-04	弹簧	1	65Mn			
4	AQF-03	弹簧座	2	Q235A			
3	GB/T 308—2002	钢球 4Dw	2	Cr15			
2	AQF-02	阀瓣	1	30Cr13			
1	AQF-01	阀罩	1	30Cr13			

标记	处数	分区	更改文件号	签名	年、月、日		（单位名称）
设计	（签名）	（年月日）	标准化	（签名）	（年月日）	阶段标记 重量 比例	安全阀
审核						1:1	AQF-00
工艺			批准			共 1 张 第 1 张	A3

班级________ 姓名________ 学号________

8-3 读安全阀装配图，回答问题并拆画零件图（续）。

1. 安全阀是一种安全保护装置，装在容器或管路上，作用是______________________。

2. 当容器内部压力超过限定值时，介质进入___________的内腔，经管口排出。

3. 当内部压力下降时，___________又将___________压在阀体的锥面上。

4. 拆画阀罩1的零件工作图。

班级________________　　姓名________________　　学号________________

8-4 读柱塞泵装配图，回答问题并拆画零件图。

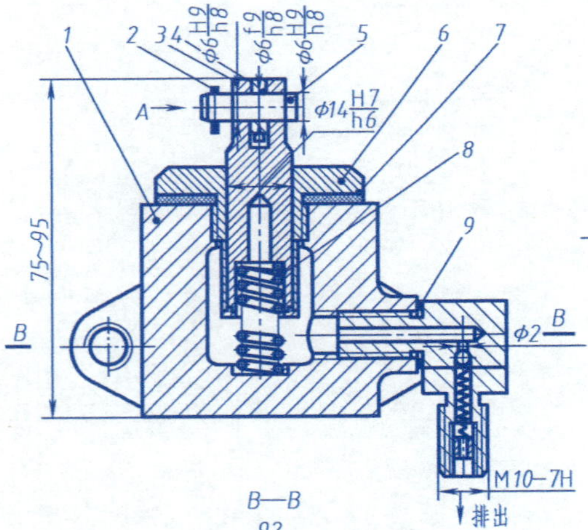

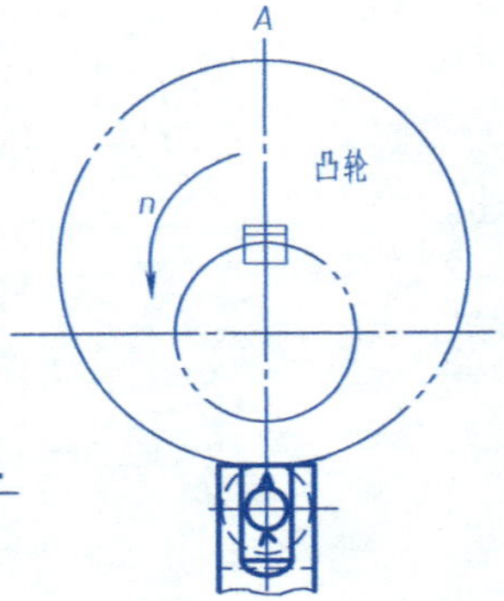

B—B

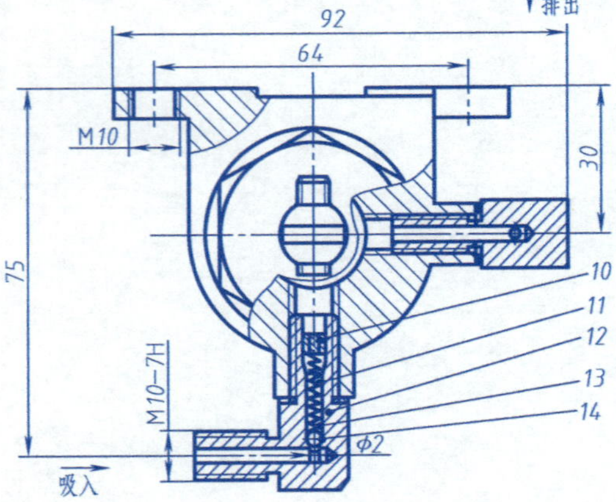

技术要求

1.柱塞往复运动时，两个单向阀要统一投排，如果不能满足要求，应将弹簧件13调整，使钢球14能灵活活动。

2.将钢球14装入单向阀内前，可先用另外钢球放入φ5孔内冷压球痕，以保证球定位和关启作用。

3.该部件吸油口、排油口与有关管子，吸油嘴连接后在0.5MPa压力下进行压力试验，要能喷出雾状油液，方便使用。

序号	代号	名称	数量	材料	单件重量	总计重量	备注
14	GB/T 308—2002	钢球 $D_w=3mm$	2	GGr6			外购
13	ZSB-12	弹簧件	2	35			
12	ZSB-11	单向阀体	2	35			
11	ZSB-10	弹簧	2	φ1 弹簧丝			
10	ZSB-09	螺塞	2	35			
9	ZSB-08	衬垫	2	石棉纸			
8	ZSB-07	弹簧	1	φ2 弹簧丝			
7	ZSB-06	垫片	1	石棉纸			
6	ZSB-05	柱塞套	1	45			
5	ZSB-04	小轴	1	45			
4	ZSB-03	小轮	1	45			
3	ZSB-02	柱塞	1	45			
2	GB/T 91—2000	开口销	1				
1	ZSB-01	泵体	1	HT250			

标记	处数	分区	更改文件号	签名	年、月、日		（单位名称）
设计	（签名）	（年月日）	标准化	（签名）	（年月日）	阶段标记 重量 比例	柱塞泵
审核						1:1	ZSB-00
工艺			批准			共1张 第1张	A3

班级__________ 姓名__________ 学号__________

8-4 读柱塞泵装配图，回答问题并拆画零件图（续）。

1. 柱塞泵主视图采用了________视图，俯视图中有________处采用了________剖视，图中双点画线表示________画法。

2. ϕ14H7/h6 的含义：公称尺寸是________，轴的公差带代号是________，孔的公差带代号是________，是________制的________配合。

3. 当凸轮大半径向下运动时，柱塞向________运动，________打开。

4. 要取出排出口处单向阀的钢球 14，必须按顺序拆卸零件________、________和________。

5. 泵体 1 属于________类零件，柱塞 3 属于________类零件。

6. 拆画泵体 1 的零件工作图。

班级________ 姓名________ 学号________

8-5 读滑轮装配图回答问题并拆画零件图。

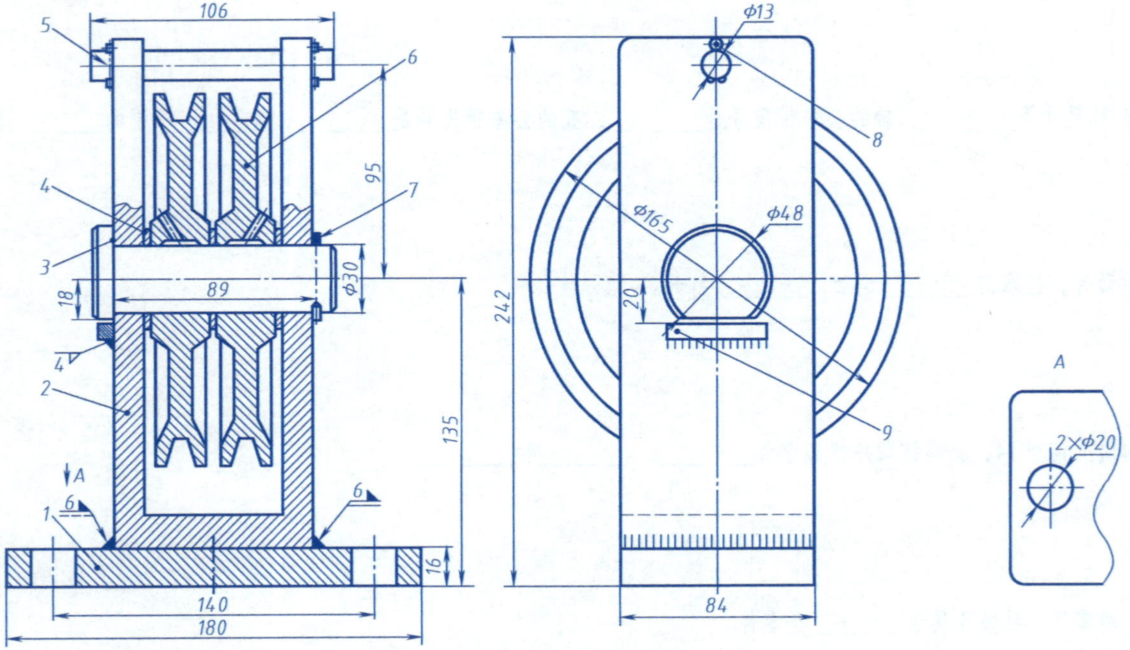

序号	代号	名称	数量	材料	单件重量	总计重量	备注
9	HL-07	平板条	1	Q235A			
8	GB/T 91—2000	销 2.5×16	2	Q195A			
7	GB/T 91—2000	销 4×36	2	Q195A			
6	HL-06	滑轮	2	HT150			
5	HL-05	杆	1	Q235A			
4	HL-04	隔环	3	Q235A			
3	HL-03	轴	1	Q235A			
2	HL-02	夹板	1	Q235A			
1	HL-01	平板	1	Q235A			

标记	处数	分区	更改文件号	签名	年、月、日			(单位名称)
设计	(签名)	(年月日)	标准化	(签名)	(年月日)	阶段标记 重量 比例		滑轮
审核							1:1	HL-00
工艺			批准			共 1 张	第 1 张	A2

班级__________ 姓名__________ 学号__________

8-5 读滑轮装配图回答问题并拆画零件图（续）。

1. 滑轮装配图共采用了________个基本视图，即________和________，采用了________个向视图，主视图采用了________剖视。

2. 该滑轮共有________个零件，起连接作用的零件是________、________和________。

3. 主视图中有三条焊缝，其含义是表示连续的________焊缝，焊缝高度分别为________和________。

4. 滑轮装配图的总长为________，总高为________，总宽为________。

5. 拆画滑轮6的零件工作图。

班级________ 姓名________ 学号________

8-6 根据千斤顶零件图拼画其装配图。

a）千斤顶装配立体图

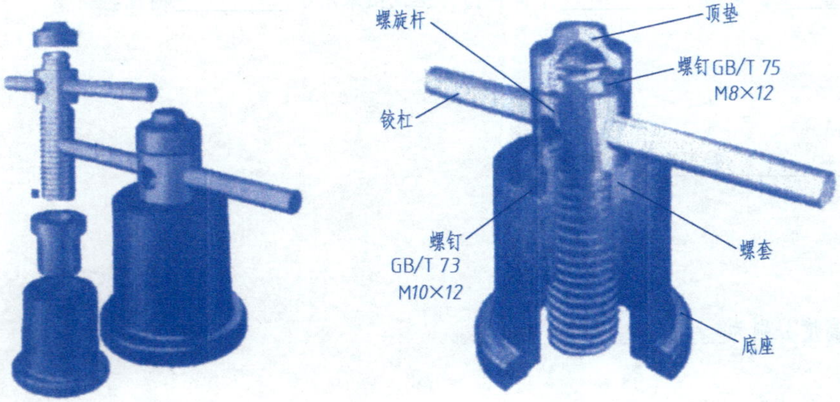

千斤顶工作原理

千斤顶利用螺旋传动来顶举重物，是汽车修理和机械安装常用的一种起重、顶压工具。工作时，旋动穿在螺旋杆3孔中的铰杠4，使螺旋杆3在螺套6中上、下移动；上升时，顶垫1上的重物被顶起。螺套6由螺钉5定位，磨损后便于更换修配。顶垫1由螺钉2与螺旋杆3连接但不固定，使顶垫1不随螺旋杆3一起旋转，同时也不脱落。

b）千斤顶装配示意图

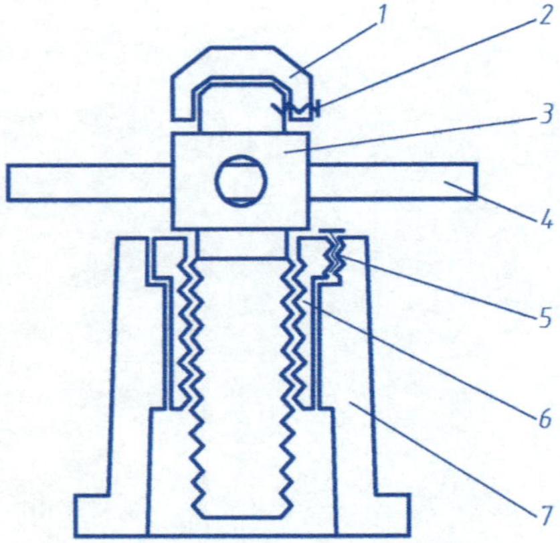

序号	名称	数量	材料	备注
7	底座	1	HT200	
6	螺套	1	ZCuAl10Fe3	
5	螺钉 M10×12	1	Q235A	GB/T 73—1985
4	铰杠	1	Q235	
3	螺旋杆	1	Q235	
2	螺钉 M8×12	1	Q235A	GB/T 75—1985
1	顶垫	1	Q235	

标记	处数	分区	更改文件号	签名	年、月、日		（单位名称）
设计	（签名）	（年月日）	标准化	（签名）	（年月日）	阶段标记 重量 比例	千斤顶
审核						1:1	
工艺			批准			共1张 第1张	

班级________ 姓名________ 学号________

8-6 根据千斤顶零件图拼画其装配图（续）。

c）千斤顶底座零件图

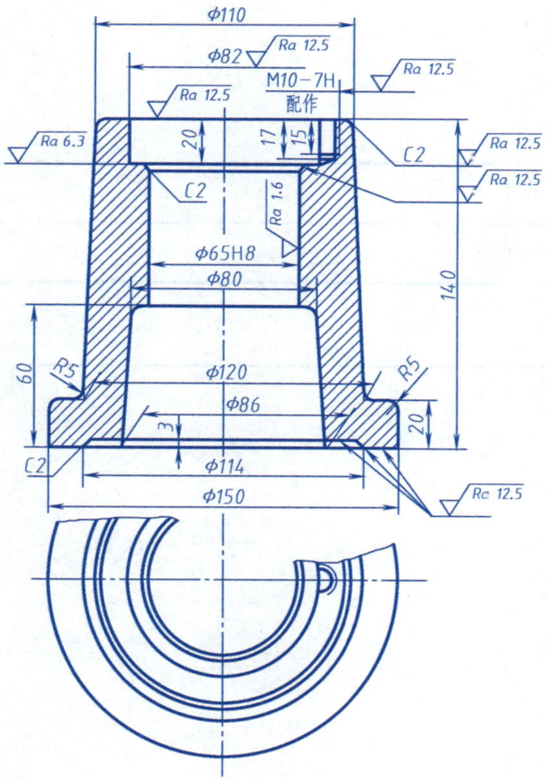

技术要求

1.铸件应经时效处理。

2.未注圆角R1~R2。

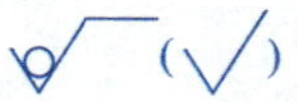

						HT200	（单位名称）
标记	处数	分区	更改文件号	签名	年、月、日		
设计	（签名）	（年月日）	标准化	（签名）	（年月日）	阶段标记 重量 比例	底座
审核						1:2	QJD-01
工艺			批准			共1张 第1张	A4

班级________ 姓名________ 学号________

8-6 根据千斤顶零件图拼画其装配图（续）。

d) 千斤顶铰杠零件图

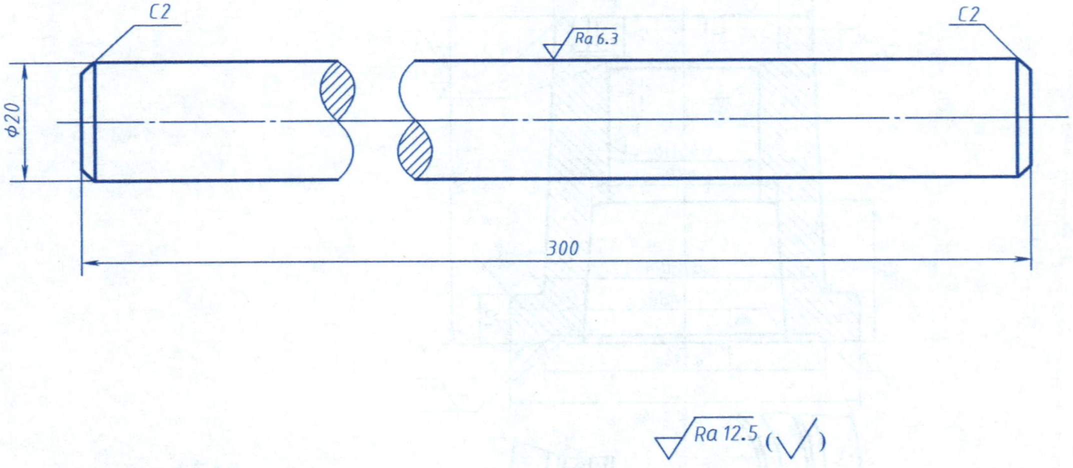

						Q235				（单位名称）
标记	处数	分区	更改文件号	签名	年、月、日					铰杠
设计	（签名）	（年月日）	标准化	（签名）	（年月日）	阶段标记	重量	比例		
审核								1:1		QJD-04
工艺			批准			共1张		第1张		A4

班级____________ 姓名____________ 学号____________

8-6 根据千斤顶零件图拼画其装配图（续）。

e）千斤顶螺旋杆零件图

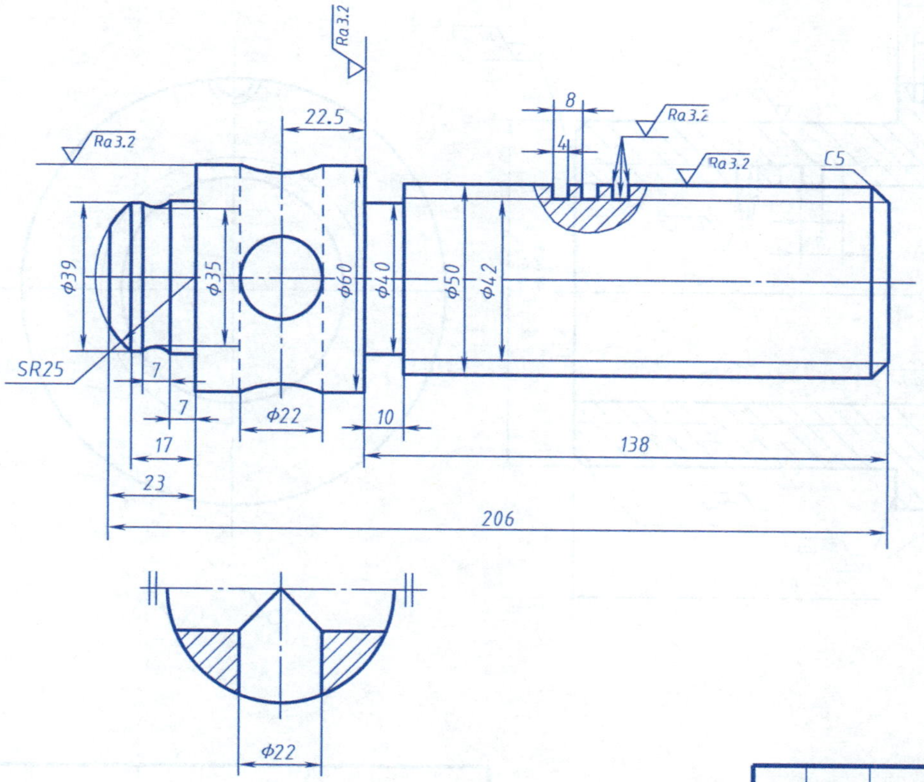

技术要求

未注圆角R1。

$\sqrt{Ra\ 6.3}$ ($\sqrt{}$)

						Q235		（单位名称）
标记	处数	分区	更改文件号	签名	年、月、日			螺旋杆
设计	（签名）	（年月日）	标准化	（签名）	（年月日）	阶段标记	重量 比例	
审核							1:2	QJD-02
工艺			批准			共1张	第1张	A4

班级____________ 姓名____________ 学号____________

8-6 根据千斤顶零件图拼画其装配图（续）。

f) 千斤顶螺套零件图

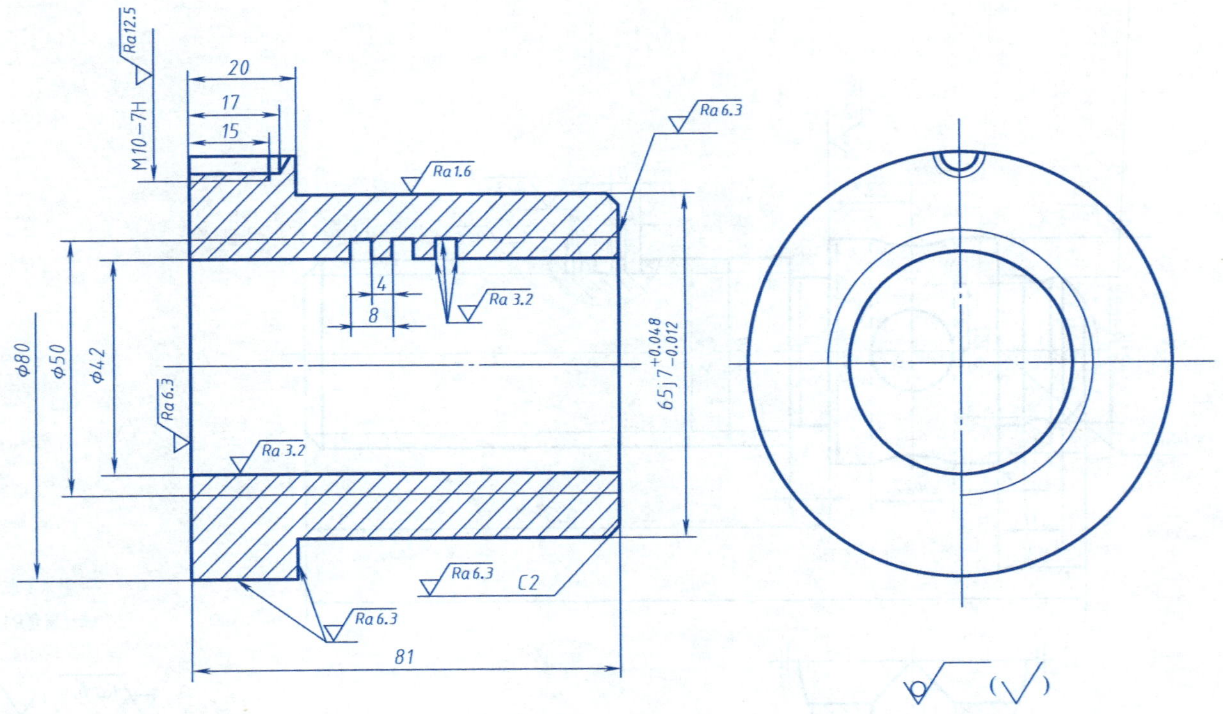

技术要求

1. 铸件应经时效处理。

2. 未注圆角 R1～R2 。

						ZCuAl10Fe3	（单位名称）
标记	处数	分区	更改文件号	签名	年、月、日		螺套
设计	（签名）	（年月日）	标准化	（签名）	（年月日）	阶段标记 重量 比例	
审核						1:1	QJD-03
工艺			批准			共 1 张 第 1 张	A4

班级＿＿＿＿＿＿＿＿　　姓名＿＿＿＿＿＿＿＿　　学号＿＿＿＿＿＿＿＿

8-6 根据千斤顶零件图拼画其装配图（续）。

g）千斤顶顶垫零件图

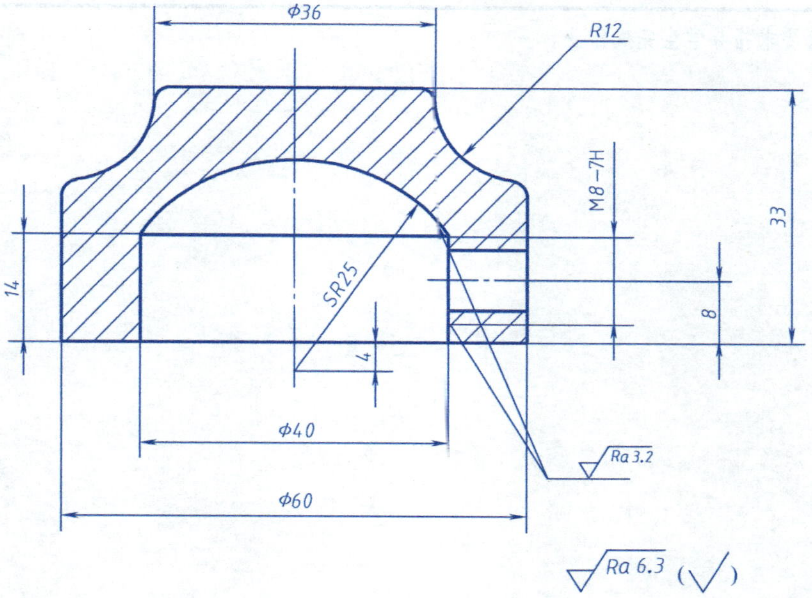

技术要求
未注圆角 R2。

						Q235			（单位名称）
标记	处数	分区	更改文件号	签名	年、月、日				顶垫
设计	（签名）	（年月日）	标准化	（签名）	（年月日）	阶段标记	重量	比例	
审核								1:1	QJD-05
工艺			批准			共1张 第1张			A4

班级＿＿＿＿＿＿ 姓名＿＿＿＿＿＿ 学号＿＿＿＿＿＿

第九章　机器零部件的测绘

9-1　零件的测绘。

由任课教师选定测绘零件，按测绘要求指导学生完成作业。

班级________　姓名________　学号________

9-2 装配体的识读与测绘（机用虎钳）。

1. 机用虎钳轴测图。

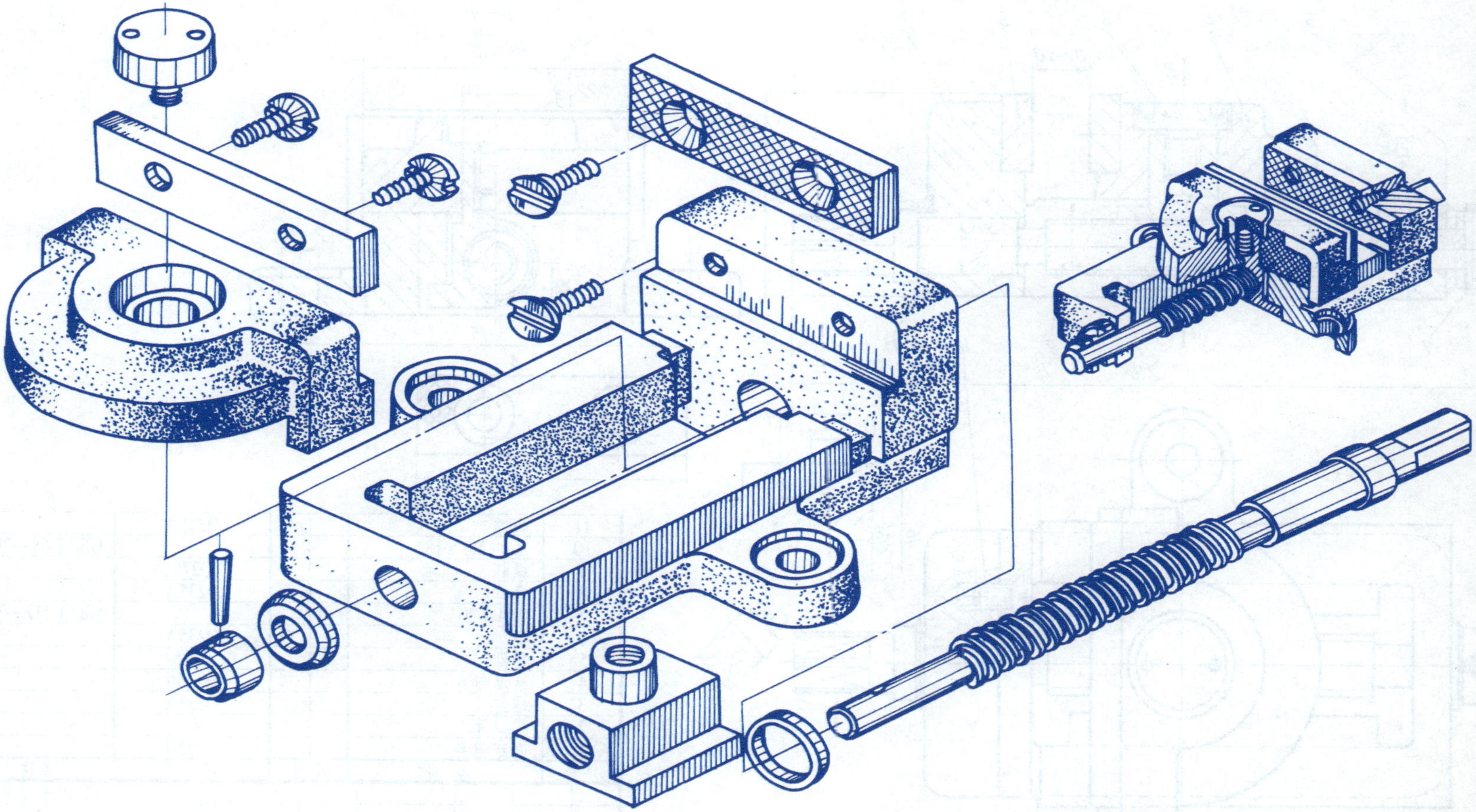

班级__________ 姓名__________ 学号__________

2. 机用虎钳装配图。

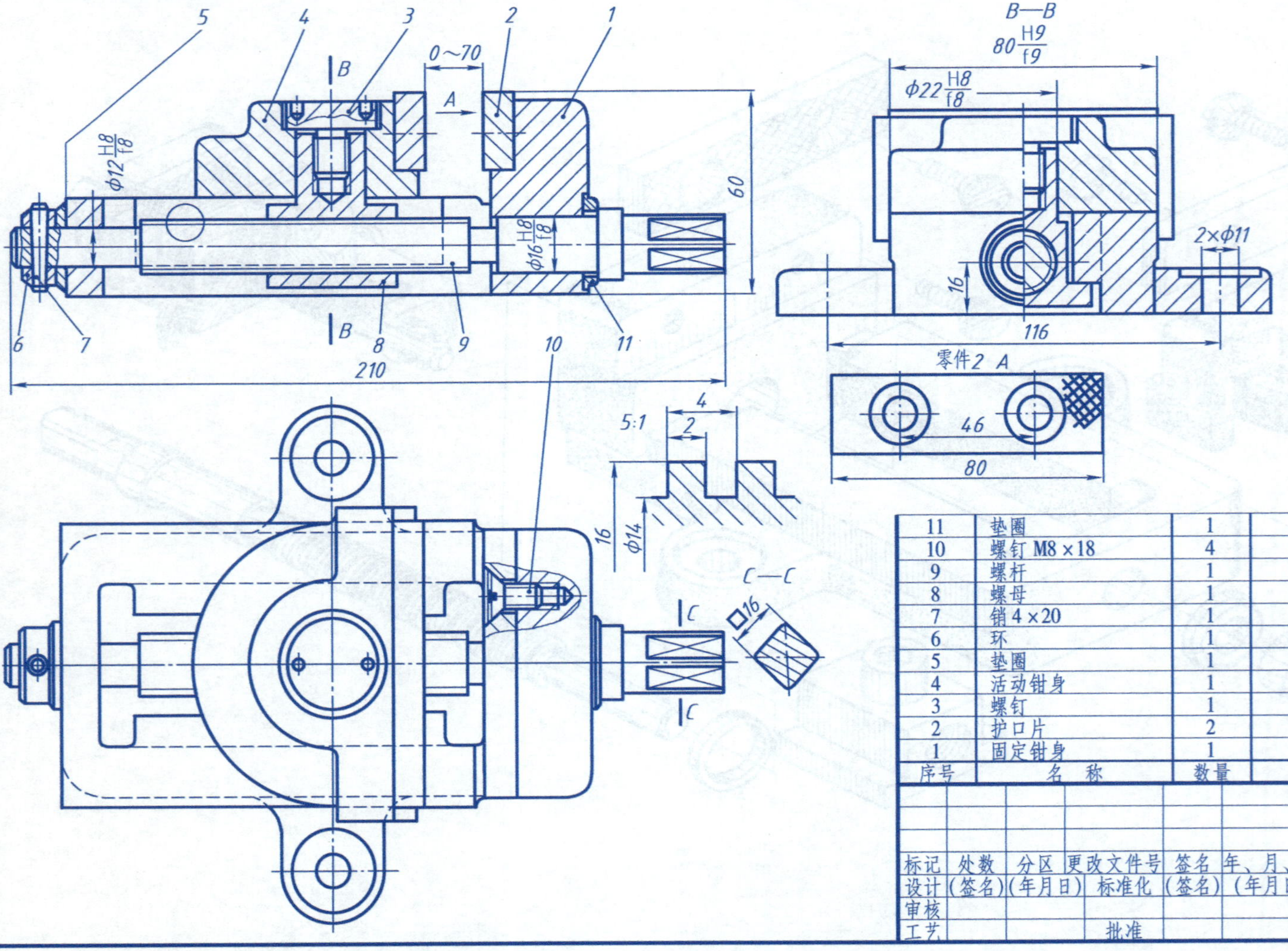

11	垫圈	1	Q235A	
10	螺钉 M8×18	4		GB/T 68—2000
9	螺杆	1	Q275	
8	螺母	1	Q235A	
7	销 4×20	1		GB/T 117—2000
6	环	1	Q235A	
5	垫圈	1	Q215	
4	活动钳身	1	HT150	
3	螺钉	1	Q235A	
2	护口片	2	45	
1	固定钳身	1	HT150	
序号	名 称	数量	材 料	备注

标记	处数	分区	更改文件号	签名	年、月、日			（单位名称）
设计	（签名）	（年月日）	标准化	（签名）	（年月日）	阶段标记	重量 比例	机用虎钳
审核							1:2	
工艺			批准			共1张	第1张	

班级＿＿＿＿＿＿ 姓名＿＿＿＿＿＿ 学号＿＿＿＿＿＿

3. 看懂机用虎钳装配图，并回答问题。

1）该装配体共由________种零件组成。

2）该装配图共有________个图形，它们分别是________、________、________、________、________。

3）断面图 *C—C* 的表达意图是什么？

4）局部放大图的表达意图是什么？

5）件 6 与件 9 是由________连接的。

6）件 9 与件 1 左右两端的配合代号是什么？它们是表示________制的________配合。在零件图上标注右端的配合要求时，孔的标注方法是________，轴的标注方法是________。

7）件 4 是靠件________带动它运动的，件 4 和件 8 是通过件________来固定的。

8）件 3 上的两个小孔有什么用途？

9）简述该装配体的装、拆顺序。

10）总结机用虎钳的工作原理。

班级________ 姓名________ 学号________